デジタルグリッド

阿部 力也

はじめに

社会構造が揺るがされるほどの大転換が起こる時代を体験するということは、滅多にないものです。

インターネットがもたらした社会構造の大転換はまさしくそのひとつです。

半世紀前、通信情報産業といえば黒電話でダイヤルを回して1対1の通話を行うというレベルのものでした。今や誰もがスマートフォンを持ち歩き、インターネットにアクセスし、音楽を聴いたりテレビを見たり仲間とのチャットにいそしんだりしています。グローバルな業務はEメールやSkype会議で行われ、飛行機の予約も買い物もWEBサイトを通じて行われます。しかし、このような変化はインターネットの仕組みだけで達成されたわけではありません。それを支える光ファイバーやパーソナルコンピューター、中央演算処理プロセッサー、無線通信、携帯電話、スマートフォン等々、様々な技術革新がなければ実現は不可能でした。さらに、人々の根源的な欲求に合致していることが重要です。世界中の人々が、情報交換や、情報収集を確実に安価に行いたいというような強いニーズが背景にあるからこそ可能になったと言えるでしょう。だからこそ、大変な量のお金がインターネット関連産業に流れ込んだのです。

このような大転換の予兆を、変化しはじめのころの当時の人たちが感じ取ることができたかというと、はなはだ疑問です。

40~50年前に、たとえば私が、「将来は手に持った小さな電話機でヨーロッパのサッカー観戦が楽しめるだろう」などとインターネットの到来を予想しても、誰にも相手にされなかったでしょう。

しかし、だからといって未来はまったく予想不可能というわけでもないと思います。未来というものは、突然生まれるものではないはずですから、未来に大輪を咲かせる花の芽生えは、今小さくても、あちこちにあるのではないでしょうか？ 注意して目を凝らせば必ず見つけられると思います。

芽生えた双葉を見つけるだけでは十分ではありません。日照、天候、周りの環境、そして、「今のままではだめだ。その花を咲かせなくては」と考える人々の気持ちが十分かどうか、というようなことを見極めるのも大切です。花自身の持つ力に加えて、その花を育てる環境が充実していないと枯れてしまいます。

現在、電気事業をはじめとするエネルギー産業は、社会構造の大転換を生み出しそうな予兆があります。

第一に、ここ十数年、予想もしなかった化石燃料の価格の乱高下があり、資源系のビジネスマンの変わらぬ戦いをよそに、人々の心は、再生可能エネルギーにシフトしてしまいました。世界中で再生可能エネルギーが加速されて、電力系統に使用され、化石燃料による電力価格（グリッドパリティ）を下回るレベルになってきています。倒産しても倒産しても再エネ業界は再生し、拡大し続けています。

第二に、地球環境問題は待ったなしの局面に近づきました。このまま放っておけば、地球の平均気温は世紀末に4度以上も上昇し、ハリケーンや干ばつや記録的な降雨に見舞われ、私たちの生活を大いに脅かすことが予想されています。この原稿を書いている最中にも、COP21のパリ協定は米国、中国、そしてEUの批准を経て、年内には発効することが間違いないだろうという状況になりました。このことは、世界中が再生可能エネルギーの導入を加速させるということを明示しています。好むと好まざるとにかかわらず、エネルギー業界には大きな圧力がかかります。

第三に、再生可能エネルギーを導入するためには、現在の電力系統のままでは十分ではない、ということが露呈しだしたということです。日本では、すでに電力会社が太陽光発電はこれ以上受け入れられないと発言し、大きな問題になりました。現在では太陽光発電や風力発電については、出力が出すぎるときには電力会社の判断で年間30日程度、発電停止を要請するという条件がつくようになりました。

この問題は再エネ導入量が増えれば増えるほど、停止要請が増えることを暗示しています。普通のビジネスマンなら、このようなリスキーなビジネスは避けます。しかし、再エネの拡大そのものは間違いなさそうです。であれば、今までになかった仕組みを考えて別な形で市場参入するでしょう。

このような状況は電力ビジネスに起こる大変革の予兆であると言えます。世界ではスマートグリッドと呼ばれるような賢い電力系統の研究がなされていますが、スマートグリッドではこの問題に対しての解決は何らもたらさないことが、本書を読んでいただくと分かると思います。ではどのような仕組みが誕生するのでしょうか?

デジタルグリッドは、そのコンセプトを提供したいと思っています。

デジタルグリッドは電力系統の電気的な制約を取り払って、しがらみなしに電気を自由に取引できる仕組みです。スマートグリッドと全く異なるのは、この電気的制約を能動的に解消している点です。スマートグリッドでは、周波数や電圧といった電気的な制約を全く考慮せずに、双方向の電力取引をすると言っています。しかし、いずれ電気的制約に直面し、契約通りの運用ができなくなります。

デジタルグリッドは、我々が発明した、電力を直接制御するデジタルグリッドルーターという電力変換装置を使って、電力を双方向どころか、多方向に取引します。デジタルグリッドルーターは電力系統を中小の区切りに分け、セルという、独自に電力を生み出し、停電に強いエリアを無数に作ります。セルを内包するセルもできます。変電所の電気を供給する配電線以降は一つのセル系統になります。セル同士をつなぐ自営線も普及し、電力系統は末端から毛細血管のようにエネルギーをやり取りできるようになっていきます。この自営線は再エネを中心とした自家発を接続し、高い経済性を持ち出します。既存の電力系統は託送料金の重みに耐えることが困難になってきます。本書でも指摘していますが、この料金体系のゆがみを是正することが必要でしょう。しかし、それでも困難は続きます。むしろセル間取引を促進し、流通事業として何十倍もの多方向取引を引き受けることで、収入を上げるようなモデルに転換していくべきでしょう。送配電事業はここに活路を見出すことになります。

セル内では、ほぼ100パーセント再エネ電源による電力供給も可能になります。もちろん、従来の電力系統との協調によるものです。セルは高い自立能力を持ちます。停電とは無縁になります。災害に強い電力網になります。一方で、従来の電力系統は、従来ほどの高い信頼性を要求されなくなります。ベストエフォートでよくなるのです。

今まで電気代を払うだけだった地方の工業団地や商業団地は、エネルギー産出センターに変貌します。支出一辺倒だった電気代が安定した収入源に一変するのです。地方自治体はこのような動きに対し、考えられる限りのサポートをするようになるでしょう。補助金ではなく、ルールを変えるだけです。団地計画では電源センターを設置し、再エネや燃料電池などを設置し、系統受電に併設して自営線による電力供給も行うようになるでしょう。自治体はこれに協力します。団地内の需要家は電気の安い方から必要な量を購入し、外部への売電が有利なときは売電することが可能になります。自治体が電源センターの運営主体になっていくことも、将来出てくるでしょう。地銀もこれをフルサポートするでしょう。自治体は電力ビジネスで収益はあげずに、他の地域よりも安価でセキュリティーの高い電力特区を作る方が、メリットがあります。企業誘致を促進し、不動産収入や雇用増加、人口増加の施策として電力特区を活用します。保育所や学校などの環境整備を図り、人口を増やすのです。地方活性化には人口増加が一番効果があります。最終的には税収の増加につながります。

デジタルグリッドルーターはＩＰアドレスを持ち、日本中どこにでも電気を瞬時に送り届けることができるようになります。どんな種類の発電なのか、いくらなのか、CO_2価値はどれだけか等、識別できるようになり、きわめて精度の高い取引ができるようになります。電力取引は同時同量の縛りがあるため、30分ごとに需給バランスを取る市場が生まれます。これは株式市場のリアルタイム取引のようになっていくでしょう。太陽光や風力などの種別はCO_2価値などの違いがあるので、株式取引で言えば異なる銘柄のようになるでしょう。実際の取引は、電気的な制約も考慮して実現されなければならないので、精緻な認証技術が必要になります。電力取引には高いセキュリティーも要求されます。ブロックチェーンのような新しい金融技術が生まれてきたことにより、このようなことが可能になりつつあります。

電力産業の市場は、情報通信産業の比では済まないほどの拡大を見せるでしょう。再エネは燃料代に相当する従量コストがゼロに近いため、減価償却が終わった設備は長期間にわたり大変大きな競争力を持ちます。それにより電気代が低下していくと、競争力を持ち出す産業や製品が現れだします。それにより、電気の使用量が拡大します。さらに安価な電力を供給しようとする発電事業が増加します。このような循環により、電気という商品の販売量はどんどん拡大するでしょう。

電気から生まれる合成燃料というものが経済性を持ち出すと、日本はエネルギー輸出国に転換します。90パーセント以上のエネルギーを輸入に頼っていた国が、どこでどう転換したのだと世界中から注目される日は意外に近いと思っています。

本書では、このようなことを一つ一つ丁寧に説明していきます。文系の方に配慮して、あえて図を一切使わずに説明を試みました。第一部などでは技術的な説明も多いので、文章を読んで理解できない部分は読み飛ばしてください。本書の主張を理解するうえで影響はありません。読みたくなったときに目を通していただければ、電力の仕組みに納得がいくでしょう。

本書を読んで「電力とエネルギーの世界に大転換が起こるかもしれない、自分たちはその入り口に差し掛かっているのだ、人類は化石燃料時代からのパラダイムシフトを迎えているのかもしれない」と思っていただける方が多ければ多いほど、それは本当に実現します。そして、世界にその仕組みを提供できます。この本がその一助になればと願っております。

目次

第三部　電力インターネット　197

第一部

電力システムを解剖する

第1章　電力システムの呪縛

「トラックモデル」の提案

電力システムを何かに例えて説明することはよくなされていますが、なんとなく分かったような、分からないようなものになっているのではないでしょうか？　本質的に理解するにはやはり電気工学を勉強する必要があります。

しかし、皆さんはおそらく新しく電力分野に参画されて、すぐにでも利益の上がるビジネスモデルを考えなくてはならない立場にいるのではないでしょうか？

同時同量、インバランス、下げ代不足、キャパシティーマーケット、ネガワット等々の言葉に翻弄されているのではないでしょうか？

そういう立場の方たちにすぐにでもわかる電力システムのイメージを、ここで提供してみたいと思います。

まず現在の電力システムは交流システムが主流ですので、そのイメージを作ります。最近、直流で非常に高い電圧にして電力を送電する仕組みや、家庭・ビル・工場内などで、直流で電気を供給する仕組みを提唱している人たちがいます。これはこれでよいところもあり、悪いところもあります。しかし、世界の電力送配電システムは、ほとんど交流ですので、まずは交流システムのイメージを作りましょう。

交流というのは、電圧がプラスになったり、マイナスになったりを交互に繰り返す仕組みです。この変化はなだらかに起きます。第2章で詳しく説明しますが、発電機の中の磁石が回転することで、電子が電線の中を押されたり、戻されたりすることで、この電圧の変化が引き起こされます。プラスからマイナスになって、またプラスになる1サイクルを、1周波と考えます。1秒間に50周波あるのが周波数50ヘルツの交流系統、60周波あるのが周波数60ヘルツの交流系統になります。

この発電機の中の磁石の回転のイメージを、重荷を積んだトラックのタイヤの回転と連動して考えていただくと、これから説明する「トラックモデル」が分かりやすくなると思います。なお、このモデルは私のオリジナルなアイデアなので皆様のフィードバックを頂いて、徐々にブラッシュアップしていきたいと思っています。

周波数とはタイヤの回転速度

「トラックモデル」においては、発電機の中の磁石とトラックのタイヤを同一視しますから、タイヤの回転速度は電力システムの周波数に相当します。トラックモデルにおいてはトラックのエンジンが発電機に当たります。電力システムの場合、発電機に回転を与えるタービンの入り口にはコントロールバルブがついていて、出力を制御します。一方、トラックモデルではアクセルで出力を調整します。

【周波数＝タイヤの回転速度】

トラックの場合は、アクセルを踏めばスピードが上がり、アクセルを緩めればスピードは下がりますね。一方、電力系統の周波数は50ヘルツとか60ヘルツとか一定の値を取っています。モデルとして、どこか違うような気がしますね。

ところが同じなのです。電力系統では非常に正確に出力コントロールをしているから周波数が一定のように見えますが、実は±0・2ヘルツくらいの範囲内でふらついています。制御が悪い電力系統ではもっとふらつきます。離島などではかなり変動します。電力需要が一定の時に、発電機が出力を上げたらどうなるでしょう。そうです。周波数が上がるのです。

電力系統では需要が変動しますが、トラックモデルでは一定の重さのものを運んでいると考えます。ですから、アクセルを踏めばスピードが上がるのです。

トラックのアクセルの調整を、きめ細やかに行えばトラックのスピードは安定して一定速度を維持するでしょう。

電力系統では周波数がふらつくといろいろな電気機器に影響を与えてしまうので、周波数が安定するように発電機の回転速度を制御しています。

これで発電機の回転とトラックのタイヤの回転が同じように見えてきたでしょうか？

坂道も下り道も一定速度

電力システムにおいては、需要家における電力消費のことを電力需要と言ったり、電力負荷と言ったりします。

本書では「電力需要」という言い方を使います。この電力需要が時々刻々、変化しているのが電力系統の特徴です。

【電力需要＝トラックの運ぶ荷物】

電力需要はトラックモデルで考えると荷物のようなものと考えることができます。

電力需要は刻々と変化しますが、トラックの荷物は、運転中に積んだり降ろしたりすることができません。その代わりに道路の勾配が変化すればトラックに対する負荷は増減しますので、これで電力需要の変動を表現してみることとします。

【電力需要の変化＝道路の勾配の変化】

需要が大きくなるということは、家庭やビルや工場で電気をたくさん使いだしたということですから、トラックで言えば上り坂に差し掛かったということです。

電力系統で需要が大きくなれば、発電機の出力を増やさないといけません。そうしないと周波数が低下します。

トラックモデルでは、上り坂に差し掛かったら、アクセルを踏まなければいけません。そうしないとスピードが落ちます。これは周波数が低下するのと同じことです。

逆に、需要が小さくなるということは、家庭やビルや工場での電気の使用が減るということですから、トラックで言えば下り坂に差し掛かったということです。

電力系統で需要が小さくなれば、発電機の出力を減らさないといけません。そうしないと周波数が上昇します。

トラックモデルでは、下り坂に差し掛かったら、アクセルを緩めなければいけません。そうしないとスピードが上がります。これは周波数が上昇するのと同じことです。

このようにして、アクセルの調節で、どのような道路でも一定の速度＝周波数で走り続けることがトラックモデルにおける電力系統の周波数調整のイメージになります。

同時同量

各電力会社は電力需要と発電を瞬時に一致させています。需要と発電が同時点で同量にするということをやっているわけです。これが「同時同量」です。どのようにしてやっているかは第2章で説明します。

トラックモデルでは、道路の勾配に合わせて、エンジン出力を増減することを時間の遅れなく、勾配に見合った量だけ変化させることを同時同量と表現しましょう。これは道路勾配の変化にぴったり合わせてアクセル調節を行うことを意味します。同時同量が完璧にうまくいけば、スピードが一定になります。

同時同量は電力管内ごとに行われます。各社の電力管内の需要変化は異なります。それに合わせて発電制御をしているのです。

トラックモデルで言えば、関西電力の道、中国電力の道、四国電力の道、九州電力の道はそれぞれ勾配が違って変化しているということになります。それぞれの道の勾配変化に合わせて、それぞれのトラックがアクセルを同時同量で制御します。各電力間は、広域連系送電線という太い腕でつながっています。トラック間も腕がつながっていて、それが切れないように同じスピードで走っているということになります。

この腕の連結力は、とても強力でちょっとやそっとでは切れません。

二重三重につながっているところも多いです。何らかの拍子で一つの腕が切れたとしても残りの腕がつながっている間に、切れた腕が復帰してすぐにつながり直します。

重い荷物を運び、上り坂に差し掛かってもこの腕がお互いを引っ張り合って、全体として一定のスピードで走り続けることができるわけです。つまり、すべての電力間で同じ周波数になるということです。

新規参入者も一定速度厳守

電力会社はみな同時同量をやっていますので、同じ送電網を利用する新電力の人たちにも、この同時同量をやってほしいわけです。新電力は自分だけの需要家を持ちますから、トラックモデルで言えば､新電力独自の道を走ることになります。その道の勾配に合わせてアクセルを調節してもらって、その結果として他のトラックと全く同じスピードで走らなければならないのです。

本来はどの瞬間でも同時同量であるべきですが、そのような難しいレベルは電力会社がやりますので、新電力の人には30分間の総量が同時同量であればいいとしています。これは実はとても緩い縛りなのです。

将来は15分での同時同量、5分での同時同量とどんどん厳しい条件が義務付けられるようになっていくと思います。海外ではすでにそうなっているところが多いのです。再生可能エネルギーのように出力が不安定な電源が増えるとさらに厳しくなるでしょう。

インバランスとは、この同時同量が達成できず、発電の過不足が生じること、およびその大きさを言います。新電力の人には3パーセントくらいのインバランスまでは認めていますが、それを超える場合はペナルティーが課せられます。

電力システムはブレーキのないトラック

実際にトラックを運転するときにスピードをコントロールするのはアクセルだけではありませんね。ブレーキが重要な役割を占めます。ブレーキはタイヤのホイールについた円盤をブレーキパッドで押さえつけて、摩擦のエネルギーを消費させてやってスピードを落とします。トラックの負荷を増やして減速するわけです。

電力システムにはブレーキに当たるものがありません。蓄電池にはその機能はありますが、量的にはまだまだ足りません。また蓄電池をこの目的で使うのは値段が高すぎますし、もったいないです。抵抗を接続して熱にしたらというような意見を聞いたことがありますが、何千キロワットというようなレベルの熱は大変なエネルギーを持っています。全く現実的ではありません。

ブレーキのないトラックというのが現在の電力システムなのです。アクセルの調節だけでトラックのスピードを一定に保っているのです。

スピードの精度はどのくらいあればいいのでしょう？　日本の電力系統の周波数変動の許容範囲は、±0・2ヘルツですので、50ヘルツ系統で考えると、スピードを±0・4パーセント内の誤差に収めなければならないということになります。

トラックの速度をこんなに一定に運転できる人はいないでしょうね。しかもブレーキがないというのはとても厳しい条件ですね。

数百台・数千台の二人三脚

今までの説明は、トラックが一台のようなイメージで進めてきました。

しかし、電力システムには多くの発電機があります。発電機1台がトラック1台と思ってください。西日本だけでも水力、火力、原子力などの発電機が大型の物から、中型の物まで数百台あります。これらが協力して電気を起こしているわけです。これらの発電機は同期発電機といって、同じ周波数で、かつ同じ位相で運転しています。詳しいことは第2章で説明しますが、トラックモデルで言えば、すべてのトラックが同じスピードで走っているということです。同じスピードといっても大体同じというレベルではありません。もしタイヤに印をつけることができるとしたら、すべてのトラックのタイヤの印がどの瞬間をとっても上なら上、下なら下という具合に同じ位置を維持しているということです。数百台・数千台のトラックの二人三脚です。このような状態を同期していると言います。二人三脚の足を縛る丈夫なひもの代わりにトラック同士が横方向に腕を出してつながっているというイメージを持ってください。

少し遅れそうになるトラックは他のトラックが引っ張ってくれます。速すぎるトラックは他のトラックに引き戻されます。このようにしてすべてのトラックが同じスピードで一列に並んで走っているというイメージが私の提案するトラックモデルです。

西日本でいえば、タイヤの回転が1秒間に60回、1分間に3600回回転し、トラック群の右端は関西、左端は九州にあり、強力な腕で引っ張り合いながら、同じスピードで走っているということです。

全てのトラックをアクセルの制御だけで一定に保つのは、とても難しいことが分かっていただけると思います。しかし、トラック間の腕がそれを可能にしてくれています。

西日本では数百台の発電機と言いました。このくらいの範囲であれば腕をつなげて違う道を同じ速度で走ることは可能です。では世界のほかの国ではどうでしょう？　例えば北米では、カナダも含め何千台という発電機が運転しています。つまり、トラックの腕ががっちりとつながって、同じ速度で走っていることになります。さすがにこれだけの範囲でつながって同じ速度で走るのは困難です。北米では東部系統、西部系統、テキサス系統、およびカナダとつながるケベック系統の4つの電力系統に分かれています。つまり、この間ではトラックの腕を切り離しています。何度かつなぐ努力をしてみたのですが、速度制御が不安定になるため、いつでも切れる細い腕をつなぐにとどめています。欧州でもスペイン、フランス、ドイツなどの欧州系統と、北欧とはタイヤの印の位置が相当ずれてしまっていて、腕をつなぐことができません。

そこである工夫がされているのですが、詳細は第5章で説明します。これが本書の肝の一つです。

このように大規模な電力系統では、この腕が、何らかの理由、例えば落雷事故などで、いったん切れてしまうと大変厄介です。切れたところのトラックは直ぐに速度が落ち、それにつながっているトラックも引き連れられ、さらにその次もというふうに連鎖して遅れ出します。まるで二人三脚でどこかに乱れが生じると、全体の調和が崩れ始めるのと一緒です。いったんこうなると腕の切り離しが間に合わない場合、全員将棋倒しになります。

このようなことが実際に電力系統で起こると、大規模な連鎖停電となります。ニューヨークや東京、インドなどで起きたものが有名ですね。

加速減速気ままな再エネ

このような電力系統に、太陽光発電や風力発電といった太陽の日差しや風の強さで電気出力が変動する再生可能エネルギー電源が普及し始めました。

この本では「再エネ」と略すことにします。

トラックモデルで言えば、スピードが不規則なトラックになります。強固な腕で結ばれているにもかかわらず、勝手に加速したり、減速したりして周りのトラックを揺さぶります。再エネの量が少ないうちは、まだほかのトラックが速度を維持してくれていたのですが、多くなり始めるとトラック群の二人三脚を乱し始めます。

この乱れは大問題です。欧州ではスペインやドイツ、デンマークなどで風力発電が大変多くなり始めていますが、たすき掛けの様に張り巡らせた腕で暴走を食い止めているというのが実情です。対策として腕を太くしていく、すなわち送電網の強化ということが効果的とよく言われますが、トラックモデルで考えると腕が強固なほど、ゆさぶられる範囲が広がって、かえって危険になりかねません。

日本では固定価格買い取り制度（ＦＩＴ）導入により、２０１４年に７０００万キロワットの太陽光発電の申請と認可が行われました。日本の最大電力が最近では1億６０００万キロワット程度ですので、半分近い出力規模です。

トラック群のモデルで考えると分かるように、トラック群の半分近くが勝手気ままに加減速をやられたのでは、残りのトラック群ではいかに腕が太くても速度を一定に保てません。

ましてブレーキがないわけですから減速の手段がありません。このことを「下げ代不足」というような表現で言います。そこで、遠隔制御で太陽光や風力を停止するというような手段を取らざるを得なくなってくるわけです。

このことを「遠隔出力抑制」と言います。

電力システムの呪縛

今まで見てきたように、広範囲に連携した電力システムを、膨大な数のトラック群が強固な腕で結びついた二人三脚と見なすと、その速度制御は極めて精緻で強固なシステムであると同時に、ある条件が整ってしまうと、とても脆弱で崩壊しやすい巨大システムになってしまっていることがよく分かります。

壮大な数のトラックが腕を強固に結び合って走っている姿は頼もしい限りなのですが、隊列を乱す再エネが入ってくると逆にそれが弱みに転じるわけです。

しかし、再エネは着実にその数を増していきます。

再エネの量が増大し、いずれ主役に躍り出ることは、この後の章で見ていきますが必然です。さらに現在の電力システムが、それに耐えきれないこともトラックモデルで直観できるように必然です。

このような電力システムの強固で、かつ脆弱という根本的な「呪縛」を解かない限り、エネルギーの未来はたいへん暗いものになってしまいます。

最近はやりのスマートグリッドも、基本的に情報システムの高度化であって、電力そのものの呪縛を解くものではありません。この呪縛が解けなければ、スマートグリッドの理想は絵に描いた餅でしかありません。

いかにしてこの堅牢な電力システムの呪縛を解くか、これが本書の主たるテーマの一つです。呪縛が解かれると、そこには今まで見たことのないようなエネルギーの世界が広がっていきます。これが本書のもう一つのテーマです。

この中身を明確に理解していただくためには、多少技術的な話が避けて通れません。是非ページを飛ばさず読み進めてください。最後までたどり着けば、こんな世界があるんだということが納得してもらえると確信しています。

しかし、文系の人にはやはり第2章はつらいかもしれません。その時は斜め読みで結構です。ただ、第2章の最後「光速で伝わる電力エネルギー」の項だけはお読みください。

第2章 同期電力系統の仕組み

同期発電機の仕組み

この章では、前章で述べた「電力システムの呪縛」というおどろおどろしい表現が、実際にはどういうことなのかを少し技術的に解説していきます。

この章を理解すれば、電力の世界でかなり発言力が出てくると思います。

普通、発電機といえば、誘導発電機が主流です。しかし電力系統に接続するものは「同期発電機」でないといけません。

前章ではトラックモデルで電力系統を説明しました。たくさんのトラック（＝発電機）が横に並んで同じ速度で違う勾配の坂道を上ったり下りたりしているというものでした。トラックが助け合うために、横に「腕」を伸ばして遅いトラックを引っ張ったり、速いトラックを引き戻したりしていました。

この横に伸ばした「腕」に当たるものを持っている発電機が、「同期発電機」です。そしてこの「腕」そのものに相当するのが、「同期化力」です。

さて「同期発電機」や「同期化力」が電気的にはどんなものなのか、解説していきますのでお付き合いください。

同期発電機の特徴として発電機内部に回転する磁石があります。これを回転子といいます。回転子の磁石は、永久磁石のものもありますが、大型の発電機では、電磁石になっています。電磁石ですと流す電流の大きさで磁石の強さが調節できるので便利です。大型の発電機ではスリップリングという回転接触型の直流端子を通じて回転子コイルに直流を流して、回転子を電磁石にします。

磁石ではN極とS極が対になっています。回転子は円筒形になっていて、上半分がN極、下半分がS極というようなコイルの巻き方になっています。N極からS極に向けて磁気の流れ道ができます。小学校での実験でセルロイドの下敷きに砂鉄をまいて、下敷きの裏側に磁石を近づけると、N極からS極に向けて砂鉄が整然と並ぶのを興味深く観察したことはないでしょうか？　目には見えない磁気の流れがあるのですね。これが磁界というものです。磁気力線とか磁束とかいう表現もありますが、ここでは磁界という言い方で話を進めます。

回転子の外側にはコイルを巻いた固定子があります。固定子コイルは3相分あります。固定子を前方から見て、上部、右下、左下に120度ずつずらしてコイルが巻いてあるのです。このコイルの出口は、主変圧器、主遮断器、を経由して送電線につながっています。

屋外で送電鉄塔を見ると両側に三本ずつ電線があるのを見る機会があると思います。この三本が発電機の3相分の固定子コイルにつながっているのです。両側にあるのは二重化して信頼性を高めているのです。

回転子が回ると磁石が回るのですから、固定子にとっては磁界が連続的に回転変化して見えます。回転子の回転に伴い、上部の固定子コイルではNの磁界が強くなり、徐々に弱くなり、次いでSの磁界が強まりだします。左下の固定子コイルでは少し遅れて同じような磁界の変化が起こります。右下の固定子コイルでは、さらに少し遅れて同じような磁界の変化が起こります[1]。

この表現だとゆっくり変化しているように感じるでしょうが、一秒間に50回とか60回の高速な変化が繰り返されているのです。

回転磁界が電流を生み出す

次は磁界の変化による電流発生について話を進めます。

中学校の理科でコイルに磁石を近づけたり離したりするとコイルの中に電流が流れるというような実験をしたことはないでしょうか?

それと同じことが巨大な発電機の中でも起こります。

回転子の回転で磁界が連続的に変化しますので、固定子コイルには電流を流そうとする力と戻そうとする力が代わる代わる発生します。この力は電圧の変動となって現れます。大元の力は磁界が電子を揺さぶっているのですから、電流が先にできてそれがコイルなどの抵抗にあって電圧を生み出します。固定子コイルに発生する電圧は回転磁石の回転に連動してプラスになったり、マイナスになったりと連続した変化を起こします。これが交流です。周波数50ヘルツ地域では1秒間に50回の割合で電圧が変化するわけです。この電圧の大きさは、大きな発電機では数万ボルトに達します。

固定子コイルは主変圧器に接続され、そこで数十万ボルトに電圧を上げられ、送電線で遠方まで運ばれます。遠方の需要地では変電所で電圧を下げ、工場などには数万ボルトで供給されます。これが「特別高圧」という電圧階級です。また商業施設やビルなどには6000ボルトで供給されます。これが「高圧」という電圧階級です。さらに高圧線が電柱によって住宅地に運ばれ、柱上トランスで200ボルト／100ボルトに電圧を下げ、皆さんの家庭に供給されます。これが「低圧」という電圧階級です。

たくさんの需要家に電気を送り届けるためにはたくさんの発電機が協力して発電しなければなりません。同期発電機の強みは、非常に多くの発電機が協力できる点にあります。

一般的な誘導発電機は、複数台をつなぐことができません。周波数や電圧をぴったり一致させる同期メカニズムがないのです。このような同期メカニズムを持たない発電機同士をつなぐと運転中に電圧がずれてしまいます。片方の発電機の出力電圧が正の時に、もう片方が負になるなんてことすら起きかねません。わずかな電圧のずれでも、つないでいる電線を通じて発電機間に大変大きな電流が流れて、発電機を壊してしまいます。すごいパワーを持っているのです。

実はこのパワーが、同期化力の源泉です。一般的な誘導発電機などではこのパワーが使いこなせませんが、同期発電機はこれが連結パワーになります。これがトラックモデルで言うところの太い腕になるのです。

電力系統において多数の同期発電機が協力し合ってパワーを生み出すメカニズムを「同期発電機の並列運転」と言います。この本の中では「同期運転」という表現を使っていきます。

発電機の同期運転開始

同期化力のメカニズムを理屈で説明する前に、まず肌感覚を持っていただきたいと思います。そこで、あなたが発電所の運転員になったようなつもりで、同期発電機が同期運転を開始する様子を見てみましょう。

あなたは東日本に設置された50万キロワットの重油火力発電所の電気オペレーターです。この発電所の周波数は50ヘルツです。昨日来、ボイラーオペレーターが重油系統のウォーミングアップを済ませ、早朝から巨大な重油ボイラーの中で重油バーナーが重油燃焼を開始しました。ボイラーの水冷壁から出た高温高圧の蒸気がタービンの入り口まで届いています。

タービンオペレーターが「主蒸気止め弁を開けよ！」と発し、続けて「主蒸気調整弁、微開せよ！」と発声しました。タービンの蒸気入口バルブを少しだけ開ける指示です。高温高圧の蒸気がタービンに送りこまれ、ゆっくりとタービンが回転を開始します。連結した発電機の回転子も回り始めました。発電機は鉄と銅でできた直径2メートル、長さ10メートル程度の細長い筒状のものです。何百トンもある金属の塊です。巨大発電所の中で一塊のものとしては最大の重量物です。これが高速回転すれば、大変なエネルギーを保有できます。

タービン発電機がゆっくり回転しはじめ回転数が徐々に上がり出します。1時間ほどたつと回転数が1秒間に50回転、つまり1分間に3000回転に達します。「定格回転数到達！」という声が響きます。ゴォーという音がタービン建屋内に鳴り響いています。

あちこちの配管に蒸気が充満し、熱くなって圧力がかかっていますから、これから1時間ほど、タービンのウォームアップをしつつ、各部の蒸気漏れや異音や異常がないことを確認していきます。

そろそろ電気オペレーターのあなたの出番です。

まず、回転子を磁石にしなければなりません。

回転子は巨大な円筒状の形状をしています。円筒の長手方向に界磁コイルという銅の平板上の線材が埋め込まれています。ここに直流電流を流すと、回転子の上半分がN極、下半分がS極になります。この回転子が大きな電磁石になって高速回転するのです。「界磁スイッチをオンにしてください」というあなたの声で操作員がスイッチを入れ、直流の界磁電流が回転子コイルに流れ込みます。そして回転子に磁界が発生します。

界磁電流を徐々に増やし、磁界の強さを定格まで上げていきます。

回転子の磁界が回転することにより、固定子コイルに電圧が発生します。発電機はまだ電力を送り出していない、つまり負荷がない状態ですので、この状態を「無負荷運転状態」と言います。

発電機の固定子コイルは主変圧器につながり、電圧を数十万ボルトに高めて送電線に接続します。送電線との接続箇所には「主遮断器（メインスイッチ）」があります。メインスイッチはまだオフ状態です。電気的には商用電力系統と発電機はつながっていない状態です。

さあ、発電機、主変圧器、電気系統などの点検をしていきましょう。あらゆるところで50ヘルツのうなり音が聞こえますね。

さて電気回路の各部に異常がなければ、そろそろ「負荷運転」を開始しましょう。

発電機の系統連系

発電機を送電線に接続して電気の需要に対して電力を供給することを「負荷運転」を開始すると言います。発電機のメインスイッチをオンにして送電線に電力を送り出します。交流系統では電圧が周期的に変動していますから、まず送電線側の電圧の変化に、発電機電圧の変化をぴったり合わせなくてはなりません。これが合わないままメインスイッチをオンにすると電圧差に応じた大電流が流れ、メインスイッチや主変圧器、ひいては発電機を焼損しかねません。こんなことが起きないように両者の電圧差をぴったり合わせることは大変重要です。これを電圧位相の「同期」と言います。

発電所には、このように送電線電圧と発電機電圧の位相差を測定するためのメーターがあります。

これを位相検定器といいます。

メインスイッチがオフの状態では、発電機の作る電圧と送電線の電圧とでは、その大きさや周波数、あるいは位相がずれています。

すると発電機と送電線の電圧差を測っている位相検定器に、両方の周波数の差の周波数に応じた回転が生じます。送電線側が50ヘルツで発電機が49ヘルツで回転していたら、その差の回転数1ヘルツで位相検定器の針が回ります。1秒間で1回転ということですから結構速いですね。

発電機が遅いようでしたら蒸気タービンの入口バルブの開度を少し大きくし、タービンに入る蒸気量を増やします。発電機回転が少し上がります。送電線の周波数に近づいてきます。位相検定器の針の回り方が、少しずつゆっくりになってきます。

発電機が49・5ヘルツになると送電線周波数との差は0・5ヘルツですから1秒間に半回転になります。49・9ヘルツになると1秒間に0・1回転となりほとんど止まって見えるでしょう。

発電機の回転と送電線の系統周波数がぴったり合って電圧位相が一致すると、位相検定器の針は真上を指して止まり、ほとんどずれなくなります。

こうなれば、発電機と送電線の電圧と周波数と位相が一致したことになります。両方を電気的に接続することができます。

「発電機の系統並列開始！」という声が発せられ、あなたはメインスイッチを入れます。ドーンというような低い音がして大きなメインスイッチがオンになりました。

この瞬間、発電機と送電線は電気的につながりました。これを発電機の「系統連系」といいます。前章でお話しした、トラックモデルを思い出してください。あなたのトラックが他のトラック群と並走します。横に並んでスピードも車の位置もぴったりそろった瞬間に、はじめてあなたのトラックの腕が延びて他のトラック群とがっちりと連結されます。このイメージが系統連系です。

発電機の出力上昇

電気オペレーターの仕事はまだ終わりません。この腕を強いものにしなくてはいけません。系統連系した直後は、電力が送り出されもせず、入ってきてもいない状態でバランスしています。トラックモデルで言えば連結した腕がとても細いような状況で不安定な状態です。ちょっとした電圧の変動で電力が発電機に入ってきてしまいます。発電機に電力が流入するとモーターのような状態になり、発電機が加速されます。できるだけ速やかに系統に向けて電力の送り出しを開始しないといけません。

「発電出力上昇！」と声をかけて、蒸気タービンの入口バルブの開度をさらに少し開けます。蒸気タービンの流入量が増えて、発電機から初負荷3万キロワットを出力します。

こうなれば、一安心です。

あとは初負荷で1時間くらい様子を見て、タービンや配管などが適切な温度に高まったことを確認します。そしてその後、50パーセント出力、75パーセント出力と発電機の出力を上げていきます。そしてタービン起動から5時間程度経過した後、やっと100パーセント出力、すなわち50万キロワットに到達します。

トラックモデルで言えば、最も腕の力が強くなった状態です。しかし、蒸気タービンへの蒸気流入が増えて、発電出力が増加しても、回転数が上がるわけではありません。

そうなったら周波数が違ってしまいますからね。

この点はよく誤解のあるところですので、繰り返します。同じ周波数系統内では、どの場所でも同じ周波数になっているのです。周波数は一つです。

周波数は需要と供給のバランスで変化し、50ヘルツ系統では49・8ヘルツくらいから50・2ヘルツくらいの範囲で運用してはいますが、ある瞬間49・9ヘルツだったら、系統内の周波数は、どこで計っても49・9ヘルツで同一の値となっています。場所によって周波数が違うなんてことはありません。実際には場所によって、周波数が少しだけ揺らぐことはありますが、同期化力ですぐ同じ周波数に引き戻されるのです。

では最初の出力3万キロワットと最大出力50万キロワットの時で何が違っているのでしょう?

同期発電機の発電出力と並列運転

発電機の中の回転子は磁石になっていると言いました。発電所でタービンに入る蒸気を増やして3万キロワットから50万キロワットに出力を上げると、同期発電機の中の回転子すなわち磁石のN極は、他の発電機群がつながっている送電線の仮想的な磁石のN極に対して、一定の角度だけ進んだ状態になります。この角度のずれを保ったまま全発電機群が同じ回転数で回転しているのです。この角度は多くても数十度くらいが限度です。このような位置のずれを「位相のずれ」と表現します。このずれは、商用周波数に同期したストロボを点滅させて、発電機の軸につけた印を見ることで直接測定することもできます。

この電圧位相のずれにより、固定子コイルの両端に差電圧が発生します。

この差電圧が大きくなると、固定子コイルを流れる電流が大きくなります。こうして発電機出力が増えるのです。トラックモデルで言うとトルクが大きくなり、車軸のねじれの力が大きくなっている状態と言うことができるでしょう。

トラック群の中で1台でも前に飛び出そうとするトラックがあれば、そのトラックのタイヤの印は遅れているタイヤの印に比べて少し前に角度が進みます。このような角度の差を位相差といいます。トラック群はこの位相差を保ったまま同じスピードで走り続けることができます。しかしこの位相差により、トラック同士を結びつける腕が引き伸ばされますので、これを縮めようとする力が、前の車は後ろの車を引きつけ、後ろの車は、前の車を引き戻す方向に働きます。この腕の力がトラック群を横一直線に並び戻そうとするのです。

電気系統では、1つの発電機がその動力源である蒸気の流入量が増えたり、あるいは水力発電機の水車の水量が増えたりして、発電機を加速しようという力がかかると、発電機の内部電圧の位相を少し進めます。

これにより発電機内部電圧と送電線電圧との位相差が開くと、固定子コイルの両端にかかる電圧の差が大きくなり、固定子コイル内部を流れる電流が大きくなります。その結果、位相差が開けば開くほどより大きな電力が送電線に流れることになるのです。

発電機の出力を上げるという操作は、結局この位相差を大きくするということに他なりません。しかし、位相差が開きすぎて、90度以上になると電力系統は不安定になりますので、そうならないように、送電線側の電圧の位相が進み、位相差を縮める方向に働きます。その結果、この電力系統の周波数が少し上がります。トラックモデルで言えばトラック群のスピードが少し上がるということと同じです。

このようにして多数の同期発電機群が同期して、同じ周波数で発電を続けるという「力」を内在しているのが同期発電機の特徴です。

この力はとても強力です。これが「同期化力」です。

このように同期化力は、多数の同期発電機を電圧位相差で加速したり減速したりして周波数を維持しています。ですから周波数が一定といっても、実は電力系統のいたるところで局所的な位相の揺らぎが生じています。

局所的な位相の揺らぎは電力潮流の揺らぎをもたらします。これによって、位相が進んだ発電機を引き戻し、位相の遅れた発電機を引っ張ります。この同期化力のおかげで、電力系統は多数の発電機の並列運転を可能にし、全体で一つの周波数を維持できているのです。

発電機の巨大な慣性力と瞬時低電圧

発電機は、発電所内で一番の重量物という話をしました。その中で回転している回転子は、電磁石だと言いました。電磁石を作るための電導体は、銅でできています。電磁石を作る鉄心は鉄でできています。銅と鉄の数百トンもの円筒状の塊が、1秒間に50回転あるいは60回転もしているのです。

この回転体は巨大な「慣性力」を持っています。

系統が巨大化すると、この慣性力は、周波数の変動を抑えることに大変役に立つようになります。需要が急変しても、発電機の慣性力がエネルギーを放出して、位相を変化させます。位相の変化ですみますので、周波数は安定し続け系統を安定化させます。

この慣性力は、電圧の維持による系統安定化にも役立っています。

雷が鳴り始めて、空が急に暗くなり、雨が激しくなると、ぴかっという落雷とともに一瞬、明かりが消えそうになることを経験したことがあるでしょう。

この時、雷は送電線に落ちて、送電線の電圧が急上昇し、アークが発生し、鉄塔との間に大電流を流します。鉄塔は地面とつながっているので、地絡事故といいます。この結果、送電線の電圧は大地の電圧まで下がり、その地域の需要家の電圧も一瞬下がります。これを瞬時低電圧、略して「瞬低」といいます。

発電機の慣性力がなければ、大停電になってしまうところですが、事故が収まるまでの間、発電機は回転子のエネルギーを放出することによって電圧を維持し続けてくれます。

電力需要の検出方法

少し技術的な話が続いて疲れてきたころではないでしょうか?

でもちょっとだけ発電所のオペレーター気分が味わえたのではないかと思います。

ここでまたトラックモデルに戻ってみましょう。

トラックモデルでは需要の変化を道路の勾配の変化で表現しましたね。

上り坂にかかると少しスピードが落ちそうになるのでアクセルを踏んで速度を保ちました。スピードが落ちそうな感じとはどういうことでしょう? 速度が一定の時は体に変化を感じませんが、速度が落ちそうになると何か感じますね。

それは加速度です。

人間の体はとても敏感なセンサーで加速度を感じて速度調節ができます。

電力システムでは、加速度センサーに代わるものが、周波数変化率のセンサーです。周波数が少し変化すると大きな値が現れます。周波数一定の時は、周波数変化率はゼロのままです。

この周波数変化率センサーを使って、需要の変化を知るのです。周波数変化率は多少場所による短時間の揺らぎはありますが、基本的にはどこで測っても同じ値になります。あなたの家のコンセントで測っても、大型発電所の中央制御室で測っても同じ値になります。

周波数変化率がマイナスになったら出力を増やし、プラスになったら出力を減らすということを繰り返せば、全体として需要にぴったり合った発電ができるわけです。

電気を商品として考えると、商品の売れ行きが瞬時にどこでも分かり、それに合わせて生産を分散して行えるという、画期的な生産流通システムなのです。トヨタの「カンバン方式」は、生産流通システムの鏡と言われますが、電力システムはそれを上回る究極のカンバン方式といっても過言ではないでしょう。

このことが同期電力系統の優れたところなのです。

需要の変化というとても大事な指標を、巨大な電力系統のどこで測っても同じ値が得られるという素晴らしい特徴を持っているわけです。

光速で伝わる電力エネルギー

今まで同期発電機の同期化力とかトラックモデルでの強力な腕というような表現をしてきましたが、この力の本質は一体何でしょうか。

実はこの力は、電磁界が振動する電磁波の持つエネルギーなのです。

この電磁波は瞬時に電力系統内を伝播し、電力エネルギーをいたるところに供給します。これが同期化力とかトラックの腕とか言ってきたものの正体です。

波の持つエネルギーというと真っ先に頭に浮かぶのは津波でしょうか。

例えば南米のチリ沖合で津波が発生したとします。この津波は巨大なエネルギーを持って数十時間かけて日本まで到達するでしょう。この時海の水は波が高いときには数メートル進行方向に動き、波が低いときには数メートル逆方向に戻る円運動を行います。海上に船が浮かんでいたとすれば、津波が通過しても、上下動はするでしょうが、その位置はほとんど変わりません。

チリ沖の海水が日本まで流れてくるわけではありません。

仮に同じタイミングで、日本側で津波が発生してチリに波紋が広がっていく場合、両方の津波はハワイ沖あたりでぶつかり合いますが、その海域では、何事もなかったかのように平穏に波が打ち消し合い、少し離れた場所で、それぞれの波は復活し元の目的地に向かって進み続けます。

波が進むスピードはとても速いのですが、海水がその場所で回転するスピードはその速度と比較するとてもゆっくりです。

音も同じです。大音響で音楽を流すスピーカーは、野外コンサートなどで数百メートルの距離があってもすべての観客に瞬時に音を届けます。音の進むスピードは音速で毎秒３４０メートルですが、スピーカーの前の空気がこのスピードで観客のところに届けられるわけではありません。空気は振動しているだけです。音波の持つエネルギーが音速で観客に届くのです。

電力システムの場合は、波のスピードや音波のスピードに比べると圧倒的に早い電磁波、すなわち光のスピードになります。

海水がその場で回転したり、空気が振動したりするのは、発電機の中の磁石が回転するのに似ています。磁石の回転により固定子コイルの銅に含まれる自由電子が大量に前後に動かされます。この電子の前後運動のスピードはとてもゆっくりです。

計算すると秒速1ミリメートル程度だということに驚かされます。変動範囲も1ミリメートル以下の往復運動になりますので、電子はほとんど同じ場所にとどまっているように見えます。

一方で、発電機から生み出される電界と磁界が交互に変動する電磁波は高速に電力系統に流れ出ていきます。この電磁波のスピードは電力系統のインピーダンスに依存しますが、おおむね光の速さの8、9割になります。光の速さは1秒間に30万キロメートルですから、8割としても秒速24万キロメートルとなります。

こうして電力エネルギーが、電線のリアクトル成分とキャパシタンス成分に蓄えられる電磁界エネルギーとして送電線間に一瞬で充満します。西日本の電力系統の長さは、地図上では1200キロメートル程度ですから、本当に瞬時に伝播されると言えますね。このエネルギーが送電線／配電線のすべての電子を同時に動かすのですからすごいパワーなのです。

送電線の電圧は電界の大きさそのものですから、その変動である周波数がどこでも一緒になる、つまり周波数は一つ、ということは当然と言えますね。

このエネルギーは、系統内のどこからでも取り出すことができます。九州電力の発電電力を名古屋で取り出すことは決してバーチャルな取引ではないのです。

さらに電力系統において発電機は1つではありません。たくさんの発電機がこの電磁界に合わせて自由電子を振動させます。そのエネルギーは瞬時に系統内に充満します。発電側はどこの消費者に対してでも電気を供給することができるのです。

消費者も、どこの発電機からでも電気を受け取ることができます。このことは、電力エネルギーが双方向に流れることを意味しています。

ちょっと脱線しますが、最近、電力系統の進化形としてスマートグリッドなどが、よくインターネットと対比されて話題になることがあります。これはスマートグリッドが双方向の電力供給を前提とするようになったからでしょう。インターネットでも情報の上りと下りがあるために、スマートグリッドは電力のインターネットなどと言われるようになりました。

しかし、インターネットの上りと下りは同時に通信することはできません。誤って同時に送ると情報の衝突が起こります。そのため、上り下りの切り替えを頻繁に行って情報を伝送しています。

電力系統では、先に述べたとおり上りや下りの区別なく、あらゆる箇所で電力を注入し、あらゆる箇所で電力を取り出すことができるのです。

発電源を特定し、需要家を特定すれば、両者の間で電力を指定して、送電網を経由して送るということは現実に可能なのです。

例えば青森で100キロワットの風力発電をし、東京に100キロワット送るとします。これが同時同量なら、本当に物理的に電力が送られていると言えます。

では、東京で100キロワット太陽光発電をし、青森の別の需要家がそれを消費しているとしたらどうなのでしょう。これも同時同量なら物理的に電力が送られています。

では途中の送電線の電子はどうなっているのでしょう。途中にある電子は、震動の位相が逆方向の送電の和になるので、すべて停止状態になるのです。つまり逆潮流はキャンセルされてゼロになるのです。逆方向の津波がぶつかると打ち消し合うのと似ていますね。

本章はやや技術的な話を中心にしましたので、やや満腹感があるかもしれません。次章から少し柔らかい話に戻し、歴史的な経緯も含めて、現在の電力系統の理解を深めていただきたいと思います。

第3章　電力会社巨大化の必然

直流・交流戦争

電力会社は巨大なために、地方で最大の企業だったりします。そのため、既得権益の代名詞のように言われがちですが、一方で災害の後の復旧の素早さとか仕事の確かさとかから、感謝や尊敬の対象となることも頻繁にあります。これは世界中どこの国でも一緒です。

このような電力会社の特徴は、実は前の章で述べたような技術的な制約による「電力システムの呪縛」と大いに関係があるのです。

この章では、電力システムに固有の技術的特徴が、あまりに効率的なゆえに、巨大な電力会社を生み出し、その結果、その特徴が自らを縛り付け、新しい時代に対応できなくなりつつある姿を描き出します。

さて、電気が送配電網を通じて供給され始めたのは今から約130年前です。エジソンが1880年代後半に、直流発電機を発明して、直流供給を始めました[2]。

当時は、直流電圧を上げる方法がなく、直流発電機から出たままの電圧で送電していました。電圧が低いので大電力を送ろうと思うと、電流を増やさなくてはなりません。電線には抵抗がありますから、電流を流すと抵抗でエネルギーが消費され、さらに電圧が落ちます。これを電圧降下と言います。消費されるエネルギーは送電損失と言います。送電損失は電圧降下と電流を掛けた値になります。損失という言葉の意味は、目的地に届きそこなったエネルギーということなのです。

電圧降下は（抵抗×電流）で求められますので、送電損失は、（抵抗×電流）×電流となります。つまり、抵抗×（電流の2乗）となるのです。電流を小さくすることが大事だというのがよくわかりますね。

直流送電は、数百ボルトで供給され、1マイル先に届けるのが限界でした。例えば100キロワットを400ボルトで送電しようとすると、電流は250アンペアになります。抵抗が仮に1オームとしても、損失は1オーム×（250アンペアの2乗）ですから、62・5キロワットです。100キロワット中、62・5キロワットが電線の途中で熱となって消えてしまうのです。

結局残りの37・5キロワットしか届けられないことになります。そこで途中で蓄電池に貯めて、そこから再配分するというようなことをやっていたようですが、効率が悪いですよね。

直流送電が始まってしばらく後、多くの技術者が交流発送電に挑むようになりました。エジソンの研究所で働いたこともあるニコラ・テスラが発明した多相交流システムは、米国ウェスティングハウス社の採用するところとなり、交流発電機と変圧器が開発され、交流供給が始まりました。交流は、変圧器により容易に電圧を上げることができました。

同じ電力を送るのに、高い電圧が使えますので、電流を少なくすることができます。例えば先ほどと同じ100キロワットを、15倍高い電圧、6000ボルトで供給するとします。すると電流は15分の1にあたる16・7アンペアで済みます。抵抗を同じ1オームとすると、送電損失は1オーム×(16・7アンペアの2乗)ですので0・3キロワット程度で済みます。15分の1の2乗で225分の1になったわけです。その結果、残りの99・7キロワットが届けられることになります。

電柱の上に電線を張ることを考えてみてください。直流で250アンペアを流す電線の太さと重量に対し、交流で16・7アンペアを流す電線ではその太さも重量も劇的に小さくなります。それでいて届けられる電力は交流の方が圧倒的に多いのですから、明らかに交流システムのほうが有利ですよね。

直流・交流戦争の結果は、みなさんご存知の通り、交流発電機と変圧器からなる交流送電網の勝利でした。

周波数制約が地域内需要総取りを生む

このようにして、交流は直流に勝利したわけですが、実はもう一つ大きな理由があります。それは交流誘導電動機(モーター)が開発されたことです。これもテスラの発明です。

当時、直流モーターは開発されていましたので、直流システムへの強いニーズは顧客サイドにもあったのです。モーターが開発される前は、工場の動力は蒸気機関でした。直流モーターの便利さは圧倒的でした。もし交流モーターが開発されなかったら、いまだに直流システムと直流モーターが支配的だったかもしれません。

新しく開発された交流モーターには、直流モーターにない優れた特徴がいくつもありました。例えば直流モーターはブラシといって電流を流すための部品があるのですが、この消耗が激しく、しょっちゅう交換しなければなりませんでした。交流モーターにはこのような消耗部品はありませんでした。

また直流モーターは、電圧を調整して回転数の制御を行います。一方で、交流モーターは、自動的に系統の周波数に比例した回転数になりますのでこのような制御が不要です。

このようなメリットは非常に大きく、交流モーターが発明されたから交流システムが採用されたのだといっても過言ではないでしょう。交流モーターが交流システム普及の隠れた主役だったかもしれません。

このようにして、交流発電機、交流変圧器、交流モーターの発明が、現在の交流システムを作り上げました。

交流モーターは電源の周波数で回転数が変わります。モーターが駆動するファンやポンプは回転数が変わると駆動する流量が大きく変わります。

このことは、とても重要なことです。工場などで使われるモーターが一度ある周波数に合わせて設計・製作されると、そう簡単に周波数を変えることができなくなるのです。

異なる周波数に対応したモーターを作るのは、電機メーカーにとっても得策ではありません。ポンプメーカーやファンメーカーも回転数で容量が変わってしまうので、周波数の勝ち組に乗っていく方が得策です。

交流システムが最初に開発された時は、25ヘルツ、40ヘルツ、50ヘルツ、60ヘルツ、１００ヘルツ、１２５ヘルツ、１３３ヘルツなど様々な周波数が使われたようです。

ある周波数の送電網は、異なる周波数の送電網とつなぐことができません。このことは電力会社にとってはとても有利で、自分の独自の周波数で送配電網を敷設してしまえば、顧客の囲い込みができたわけです。地域内の需要を総取りできるわけですからたいへん魅力があります。日本でも同じ地域に異なる周波数で配電網が敷設され、顧客の奪い合いをした時代があります。オセロゲームのように敵の顧客を総取りできてしまいます。

このように電力の供給側の理由と需要側の理由がうまくかみ合って、周波数を武器に勝ち組の電力会社が供給地域を拡大していきました。その結果、25ヘルツ、40ヘルツ、１００ヘルツ、１２５ヘルツなどの周波数は淘汰されていきました。

最後に残ったのが、50ヘルツと60ヘルツの2種類です。

世界地図の商用電源周波数分布[3]を見ると、欧州・ロシア・アフリカ・中近東は50ヘルツ系統です。50ヘルツが圧倒的に多く、60ヘルツは北米・カナダと南米の一部が中心であることが分かります。

弱小電力会社を飲み込み巨大化する

周波数統一の過程で、小さな電力会社は送配電網ごと買収されていきました。周波数が違っても、送配電網や発電設備は、部分的に入れ替えれば新しい周波数に対応可能です。

その結果強い発電会社が、弱小の発電会社を飲み込んでいく企業買収が繰り返し行われていきました。これは世界における周波数統一の歴史でもあったわけです。

日本でも同じことが起こりました。

1882年（明治15年）に日本初の電力会社東京電燈が、東京・銀座に日本初の電灯（アーク灯）をともしたのですが、それは直流でした。その後、東京電燈は、ドイツから50ヘルツの発電機を導入して交流システムに切り替えます。一方関西では、大阪電燈が米国から60ヘルツの発電機を輸入して交流供給を始めていました。当時は、石岡電気、笠間電気、品川電燈、深川電燈、東京鉄道、利根発電、名古屋電燈、岐阜電気、合同電気、富山電燈、京都電燈、鳥取電燈、九州電気軌道、九州電灯鉄道、九州水力電気等々、たくさんの電力会社が乱立しました[4]。これらの会社はそれぞれの地域に電気を供給していたわけです。当初は50ヘルツ、60ヘルツが入り乱れていたようですが、徐々に買収がなされて、東日本が50ヘルツ、西日本が60ヘルツになっていきました。

50ヘルツ、60ヘルツどちらも譲らず、勢力を拡大していったので、現在のように糸魚川を境に、両方の周波数が残ってしまったわけです。

通常、買収というと、買収先の企業の製品の価値、将来性、市場調査などをしっかり評価し、自社の事業との相乗効果がどの程度あるか、補完するのか、市場占有率を高めるのかなどよく検討して実施します。

しかし、電気事業においては、買収の様相がだいぶ異なります。

まず商品は、単一商品です。売り物は「電気」ただ1種類です。他に何もありません。また商品の売れ行きが将来どうなるかを心配する必要もありません。「電気」という商品は、130年も売られ続け、拡大し続けてきた、他に類を見ないロングセラーの大ヒット商品なのです。

この商品の作り方も電力会社による違いはなく、ほとんど同じです。原価計算方法は法律で決まっているのでほぼ同じです。商品もおなじ、ビジネスモデルも同じ、要するに同じ事業形態なのです。周波数が統一されていれば、どの電力会社もたいした差がありません。

つまり、買収をするには非常に適した事業なのです。経営実態がよくわからないまま、買収をかけても深刻な問題になることはほとんどありません。発電設備や送配電網という資産に大きな価値があるわけですし、顧客は全員がその地域を引っ越さない限りそこにいます。ある日突然、顧客が電気を使わなくなるということもありません。つまり商品の売れ行きを毎月心配するというようなことがないわけです。

このような理由から、強い電力会社は近隣の弱小電力会社を買収し、どんどん巨大化しました。世界を見回すとどこの国でも同じようなことが起こっています。究極の買収は国によるもので、その結果、国営電力会社1社体制ということになったところも多かったようです。

このように電力システムは巨大化するのが自然なのです。現在、複数の電力会社に分かれているのは、独占禁止法や自由競争促進の法整備による意図的な力が働いているためです。電力会社は、「周波数は一つ」という技術的特性から送電網がつながりあって巨大化していくのが自然な姿なのです。

巨大な系統ほど楽になる周波数・電圧制御

電力システムの維持は瞬時たりとも気が抜けない仕事です。瞬時でも需要の見極めを誤り、発電とのバランスを崩せば、周波数が狂い、大停電を引き起こします。

送電線に雷が落ちたりすると、送電線と大地の間で地絡事故が起きることがあります。小さな電力系統、例えば島などでこのような事故が起これば、送電線の電圧が一気に下がってしまい、発電機や変圧器の保護装置が働いて遮断器を開放し、島全体が停電してしまいます。

しかし、系統が大きくなり、たくさんの発電機が接続して同期運転をしていると、多少の事故では停電しません。発電機群が力を合わせて周波数の変動や電圧の低下を防ぐのです。もちろん事故のあった近傍の送電線は停電せざるを得ません。しかし、どこかで瞬低が起きても大きな電力系統では発電機群が慣性力で発電を継続することができます。回転体の持つエネルギーで電圧を維持し続けることができるのです。

一般的に電力系統の総需要の10分の1の容量の発電機が停止した場合、その電力系統は停電の恐れがあると言われます。現在の最大級の発電機は、原子力発電所のユニットです。1台で130万キロワットくらいの出力を持つものもあります。

この10倍の電力系統というと1300万キロワットですが、日本の9つの電力会社でもこの規模に達していないところが半分ぐらいあります。しかし同じ周波数系統であれば、会社が違っても一つの電力系統と見なせますので、東日本で7500万キロワットくらい、西日本で1億キロワットくらいの系統規模だとみなすことができます。そのおかげで会社の規模が小さくても、経済性の高い大型発電機を導入し、安定に運転できているわけです。

地域独占の必然

こうなってくると、電力システムは他に例を見ない、秩序だった巨大システムとなってきます。周波数や電圧は同期した多数の発電機群が、協調して維持してくれます。電力系統は発電所からコンセントまで一体となった大域的なシステムなのです。ですから、発電から、送電、配電まで一気通貫で供給体制を整えたほうが、需要の伸びを中長期で予測して、設備の建設計画を立てやすくなります。

結果的に地域独占体制が望ましくなってくるわけです。

他の事業と違って、製品である電気を顧客に届ける流通ルートがきわめて高速で在庫管理をする必要がありません。製品在庫が不要であるということは製造業にとっては大変大きなメリットです。作ったそばから売れていく、売れ行きを見て生産調整していくというようなことが、周波数変化率を見ているだけで可能になります。

需要側の事故で消費が急減したり、発電機の故障で生産が急減したりしても、連系線で他電力会社とつながっていますので、高速で緊急に商品である電気を他社から融通してもらえます。清算は後ですればいいのです。

とても理想的な事業形態に見えますね。そのため、どの国の政府も地域独占を推進するような政策を取ります。

これはある意味で必然と言えます。といいますのは、電気事業に必要な設備はとても高価で、数十年かけて回収せざるを得ないからです。国家的にも重要なインフラを構築していくために、国の手厚い保護がなされるようになっていくのです。

したがって電力インフラが充実する近年まで、世界中で電力会社は地域独占形態を取っていました。

総括原価主義が生み出す技術革新の遅れ

電気事業は、このように独占形態となるので、不当な利益を生み過ぎないようにしなければなりません。電気事業会計規則のような形で一定のルールが決められています。

こういったルールの基本的な考え方は、設備の残存簿価の一定割合を利益とすることができるというものです。別な言い方をすると、それ以外に利益を捻出する手段がないということです。それ以外の部分はかかった費用、すなわち原価をそのまま回収するということになります。

このような考え方で、電気料金を決定する方法を「総括原価主義」と言います。

設備の残存簿価に定められた事業報酬率をかけたものしか利益を生み出す手段がないので、新規発電所や送電線を建設して、残存簿価を増やそうという意欲がわきます。古い設備も、新しく設備更新してより良いものにしようという意欲がわきます。

戦後の復興期に導入されたこの仕組みは大変効率的に機能しました。このようにして、長期間をかけて電力インフラは充実してきたわけです。

しかし、どのような制度も長く続けていくと弊害の部分が前面に出てきがちなものです。そのために、組織も制度も変わり続けなければならないのですが、この総括原価主義にも同様の兆しが見えてきました。

総括原価主義では、残存簿価に事業報酬率をかけたものが利益ですから、利益を増やしたいと思うと高価な設備の方が望ましくなります。高価なものの方が頑丈で長持ちするはずという点ではよいはずですが、一方で安くて良いものを作ろうという意識が働きにくいことも確かです。

また、新技術を取り入れることは、コスト競争力を高めるうえで必要不可欠な投資のはずですが、総括原価主義で地域独占であれば、競争力を高めようというインセンティブは働きにくくなります。むしろ、新技術による失敗は致命的になりますので、避けたくなります。

このようにして、電力業界は技術革新の歩みが、他の業界に比べてゆっくりとしたものにならざるを得ないのは、やむを得なかったと言えるでしょう。

第4章

再エネが苦手な電力システム

再エネ電源の系統連系メカニズム

自然エネルギー電源は、再生可能エネルギーとか再エネとか言われますが、「同時同量」が不得意です。太陽が照れば発電し、風が吹けば発電します。小水力は川の流量次第です。

太陽光発電や燃料電池、蓄電池は直流ですので、それを交流に変換する電力変換器（インバーター）が必要です。風力発電機や小水力発電機は誘導発電機が多いですが、回転数が周波数と一致しないので、最近はいったん直流にしてインバーターを使うものも増えてきました。

再エネのインバーターは同期系統の電圧と周波数に合わせて電流を送り込む電流モードで発電します。これを「系統連系モード」といいます。

系統の周波数に合わせてパワーを注入したり、減らしたりするということしかしません。インバーターの中には系統と同期回転する巨大な質量による慣性力を持った回転子などがないのだから当たり前ですよね。つまり自分では周波数を持っていないのです。

同期発電機のように発電機の回転子の速度を上げて過剰な出力を吸収したり、速度を下げてエネルギーを放出したりする同期メカニズムや慣性力はないのです。

同期電力系統内で発電が需要を上回り、周波数が上がっていても、太陽光や風力が強まると、インバーターが電流を送り込みますので、それを吸収した他の同期発電機がますます周波数を上げてしまいます。

逆に同期系統内で発電が需要を下回り、周波数が低下していても、さらに太陽光や風力の出力が下がると、インバーターは勝手に電流を絞り込みます。その結果、他の同期発電機はその部分をカバーするために、さらに回転エネルギーを放出しなければなりません。すなわち周波数はさらに下がります。

このようにインバーターには需要の大きさに合わせて発電を調整するという、同時同量調整メカニズムがないのです。

同時同量が不得手なのは、再エネ電源の大問題の一つです。

大きな電力系統では変動を吸収できますが、小さな電力系統、例えば離島などになると問題が表面化してきます。

例えば、離島にディーゼル発電機があって、島のすべての電力需要をまかなっているとします。そこに太陽光や風力を導入した場合、その合計出力が離島の需要の30%を超えるようになると、需給バランスの過不足分をディーゼル発電機だけでは吸収するのが困難になり、系統周波数を維持できなくなってしまいます。

ディーゼル発電機などの回転機は定格回転数よりも一定程度回転数が上がると、振動が発生し、軸受けを破損したりしかねないので、自動停止するようになっています。逆に、回転数が下がり過ぎても、エンジンの着火のタイミングなどの燃焼悪化問題が出てきたりするので、異常を検出して停止してしまう可能性があります。

このようにインバーターの系統連系モードには周波数調整能力がないため、他の同期発電機にしわ寄せされてしまい、大量には導入できないのです。

下げ代不足問題

このことを「下げ代不足問題」として捉えることもできます。

同期発電機が安定に運転できる最低出力まで、出力を下げられることを下げ代（さげしろ）があるというような表現をします。

再エネが多くなりすぎると下げ代がなくなる、すなわち下げ代不足になるわけです。

電気的に他の系統とつながっていない離島などでは、再エネの導入率は30パーセント程度以下となるでしょう。それを超えれば再エネの出力抑制が頻繁に起こらざるを得ません。

例えば2015年の5月5日に発生した種子島の出力抑制[5]が良い例になると思います。当日は想定される総需要をまかなえるディーゼル発電機で発電し、太陽光発電がピークに近づくころにはディーゼル発電機を最低可能出力（定格出力の50パーセント）まで絞り込む計画でした。

それでも過去の事例から太陽光発電との合計出力が総需要を上回る見込みでしたので、予め太陽光発電の一事業者に対し出力抑制を指令しました。

太陽光発電が増えた場合に、ディーゼル発電がこの最低出力を下回る運転をすることは種子島の周波数を維持する上でリスクが大きくなるという判断で太陽光発電を出力抑制したわけです。

すなわち、種子島の電力系統の「下げ代」が不足しているので再エネを出力抑制した、という構図になります。

これも再エネ、すなわちインバーター電源に周波数調整能力がないために起こる問題だと言えます。

よく、離島で80パーセントを超えるような再エネが導入されているというようなことを標榜しているところもあります。このようなところは、実際には海底ケーブルで他の島や本土とつながっていたりしているのです。そうであれば、下げ代は非常に大きくなりますね。

同期発電機が安定に運転できる最低出力には、発電機ごとに違いがありますが、同期系統では、50パーセントくらいが再エネ導入の限界でしょう。

単独運転防止と一斉脱落問題

さらに悩ましい問題があります。

系統連系モードは、系統の電圧を参照して電流を送り込みますので、参照電圧がなくなると発電できなくなります。太陽が照っていようが、風が吹いていようが主系統が停電すると発電停止せざるを得ません。これは3・11の大震災時に大きな問題になりました。震災の後の数週間、東京電力管内では順番に計画停電がなされました。停電しても我が家には太陽光発電があるから大丈夫と思っていた人が多かったのですが、太陽光発電は働きませんでした。停止してしまったのです。

停電しているときに太陽光発電を自立運転に切り替えて発電を継続することも技術的には可能なのですが、安全面の問題があるという理由で禁止されています。上流の電気系統が停電しているのに、それに従属している下流の電気系統が単独で発電していると、復旧作業している人の感電事故が発生する可能性があるので、下流は必ず停電しなければいけないというルールです。

これを「単独運転」の防止といいます。

このルールはいささか時代遅れの感もあります。最近の安全対策技術はたいへん向上していますし、太陽光発電や燃料電池発電といった自家発も大幅に普及しています。このような状況からルールの変更も検討されています。

また、本格的な停電でなくても、一瞬電圧が下がってしまうことがあります。これが瞬時低電圧、いわゆる瞬低です。一瞬暗くなる程度の印象ですが、雷の鳴っているときなど結構頻繁に発生します。

瞬低のとき、その系統につながっている太陽光発電は、参照する電圧が一瞬なくなるので、すべて停止してしまいます。これを太陽光発電の「一斉脱落問題」といって関係者は頭を痛めています。

1箇所で一斉脱落が起こると、発電が不足してさらに電圧が低下し、他の地域の一斉脱落を引き起こすというふうに広範囲に伝播していく可能性があります。

こうならないように、多少の電圧低下では停電しないようにしようという提案もあります。事故を乗り切るという意味で「フォールト・ライド・スルー（FRT）」と言います。

系統が停電したら、運転を止めろ、という単独運転防止の要請と、ちょっとぐらいの停電なら運転を止めるな、というFRTの要請はお互いに矛盾していますね。

再生可能エネルギーの躍進とFIT

2011年3月11日に未曽有の震災が日本を襲いました。

東日本大震災です。大変悲しい出来事でした。多くの人が命を失い、住むところや働く場所を失いました。いまだに震災の爪跡が残り、以前の生活が戻らない人々が大勢います。

電力業界にも激震が走りました。福島第一原子力発電所のメルトダウンです。このようなことが起こり得るとは想定されていませんでした。これを機に原子力発電所の安全性について疑問が呈され、安全審査が強化されるようになりました。

震災の影響を受けて、日本でも再生可能エネルギーをもっと重視すべきだという意見が大きくなってきました。日本ではそれまでＲＰＳ（Renewables Portfolio Standard）制度という再エネ促進策が推進されてきたのですが、効果が薄く水力を除く再エネは1パーセントにも満たない状況でした。

それを受けて経済産業省は欧州で効果のあった固定価格買い取り制度（Feed-in Tariff：ＦＩＴ）を２０１２年に導入しました。

ＦＩＴは、再生可能エネルギーの種別ごとに、設備認定時に設定される固定価格で、20年程度の固定期間を定めて発電電力量を買い取ることを保証する制度です。

買い取り価格の設定は難しいものです。

価格が高すぎると、発電事業者の利益が大きくなりすぎます。参入者が増え、導入量も急増します。また、国民負担で一部の事業者のみ利するという批判を浴びがちです。

一方、価格が低すぎると導入が進みません。

導入状況を見ながらこまめに価格改定を行うということが重要です。1年に4回くらい改定したほうが良いのですが、実際には年に一度の改定になっています。

再エネ事業者にしてみれば、一般的な事業に比べてリスクが非常に小さく、長期的な収益が見込まれる事業になります。エネルギー源である太陽の日射量は年間を通じて安定していますし、太陽の値段は無料ですので石油のように変動することはありません。風力の風量も年間を通じてみれば安定した量が見込めます。設備故障さえなければ、発電量はほぼ確定します。

買い取り価格は設置した時の価格で固定され、途中での改定はありませんので、20年間にわたっての収入が確定します。設備生涯年数にわたって必要な保守費用は、それほど大きくなりません。投資金額は、設備設置時に確定します。収入と支出が投資時点でほぼ決定し、リスクがほとんどなく、とても安定した収益事業となります。

一方電力会社にとっては、自社発電設備の利用率が落ち、電力システムの運用が大変になりますが、総括原価主義の下では利益が減るわけではないので反対しにくいわけです。

再生可能エネルギー買い取りに必要な費用は、再エネ賦課金という名称で電気料金に加算されます。２０１６年の単価は２・25円／キロワットアワーとなりました。電力会社は電気料金に再エネ賦課金を上乗せして徴収します。徴収された再エネ賦課金部分は分離されて「低炭素投資促進機構」[6]に集められます。２０１６年度付加金総額は約２兆３０００億円[7]にもなると想定されています。

電力会社は、再エネ発電事業者から再エネをＦＩＴ価格で買い取っていますので、その費用としてこの賦課金が電力会社等に振り込まれます。

その総額は約１兆８０００億円[8]になります。

ＦＩＴ価格は再エネの種類によって異なりますが、２０１６年度価格は、10キロワット以上の太陽光は24円／キロワットアワー、20キロワット以上の風力は22円／キロワットアワー程度になる見込みです。

このFITの仕組みは、大変な成功を収めました。

2012年に制度を開始して、実質3年で約8500万キロワットの再生可能エネルギーが認定されました[9]。特に太陽光発電設備の認定容量は、住宅用で426万キロワット、非住宅用で7549万キロワット、合計で7935万キロワットにも達しています。

先ほど、日本の夏場の最大電力需要が1億6000万キロワットと言いましたが、再エネの認定容量でこの半分に達してしまったわけです。

欧州の動きとドイツの再生可能エネルギー法

欧州では20年くらいの時間をかけてFITを育成してきました。2009年にEUは、いわゆる「20－20－20」を法整備しました[10]。2020年までに、次の3つを達成することをターゲットとしています。

（1）1990年比で温室効果ガスを20％削減する。
（2）EUのエネルギーの20％を再生可能エネルギーにする。
（3）エネルギー効率を20％高める。

ＥＵの中でも先進的なドイツでは、ＦＩＴの推進過程で電力会社から国が訴訟を受けるというような試練も乗り越え、再生可能エネルギー導入を推進してきました。

２０１４年のドイツの再生可能エネルギー法（Renewable Energy Sources Act-RES Act 2014）では、冒頭の第１章第１節に以下のように宣言されています。

１　本法律の目的は、気候変動を和らげ、持続的な環境保護に資するため、長期的な外部コストを削減し、化石燃料を温存し、再生可能エネルギー発電の技術開発を促進することにある。

２　上記を達成するため２０５０年までに総電力消費量の80％を再生可能エネルギーにより発電することを目標とする。このため、

（１）２０２５年までには40～45％、

（２）２０３５年には55～60％を達成する。

３　２０２５年の目標を達成する過程で、２０２０年までに全エネルギー消費の18％を再生可能エネルギー由来とする。

本法律 RES-Act 2014[11]は、このようにきわめて明確に数値や時期が書いてあります。是非、原文を直接読まれることをお勧めします。

ところで２０５０年までに、「全電力消費量の80％を再生可能エネルギーで発電する」という目

標は大変先鋭的と言えます。ここで言っているのは年間を通じた電力量のことですので、設備利用率の非常に低い太陽光発電や風力発電で大量のエネルギーを受け持とうとすると、最大需要の数倍もの容量の発電設備を持つ必要が出てきます。

ドイツのエネルギー改革

このような野心的なドイツのエネルギー改革はEnergiewendeと呼ばれ、化石燃料からのエネルギー転換を目指しています。最初は原子力発電もその中に組み込まれていましたが、福島第一原子力発電所の事故以降、メルケル首相が段階的な全面廃止を決定しました。したがって、エネルギー転換は再エネを中心に実現されることになりました。

発電設備の利用率をそれぞれ、火力を70パーセント、太陽光を12パーセント、風力を20パーセントとすると、太陽光ですと火力発電に比べ5・8倍、風力発電は火力発電の3・5倍もの定格を持たないと、火力発電と同じ電力量を供給することができません。

最大需要を超えるような発電設備があると、風の強いときや、日照の十分な日は、発電し過ぎになり余剰電力が生まれてしまいます。これは国際連系線を通じて電力輸出することになります。

また、急に風が落ちたり、日照がなくなったりすれば、火力発電所を急いで増出力しなければなりませんが、間に合わない場合も多いと思われます。この場合は、やはり国際連系線を通じて電力輸入が必要になります。

高い再エネ目標を実現するキーワードは「電力輸出入」のようです。

昨年、ドイツでは2015年7月25日に瞬間的にですが、当日需要の78パーセントを再生可能エネルギーでまかない、今までの記録を更新しました[12]。この日は、土曜日であった上に風力の出力が急増しました。石炭火力を最低出力まで絞っていますが、絞り切れない分は輸出に回りました。輸出は1000万キロワット程度になっています。ドイツはこの日、オランダ、ポーランド、チェコ、スイス、オーストリアに電力を輸出しています。一方でデンマーク、フランス、スウェーデンからは輸入していました。こういった情報はドイツの研究所 Fraunhofer が提供している Energy Chart というサイト[13]で入手できます。電力、電力量、価格などの年間を通じた詳細な情報が見られますので、是非ご覧いただきたいと思います。日本でもこのようなサイトがいずれできることと思います。

ドイツは欧州のメッシュ状の電力系統の中心にいます。スカンジナビア半島とは直流送電による非同期連系をしています。

このような系統だから再エネを大量に導入することが可能なのでしょう。

ドイツの先鋭的なエネルギー改革は、高い再エネ目標を掲げています。その結果、大量の余剰電力が発生する構図になっています。通常ですとこれを抑えるために、再エネ比率の目標を低く置くのが当然と思いますが、ドイツは異なります。

実は、減価償却を早めに終わらせて価格競争力を持った再エネを武器に、「電力輸出立国」を目指しているのではないかと私は見ています。だとすると大変巧妙な戦略ですね。

予測技術先進国スペインの悩み

予測、特に太陽光と風力の発電予測が精度よくできるようになると、相当状況が改善されるでしょうか?

予測の最先端を走っているところの一つにスペインの電力系統運用会社（Red Electrica Espana：ＲＥＥ）があります。

スペインの電力会社は、最大手のエンデサ、イベルドローラの2社に、ガズ・ナチュラル・フェノーサ、イドロカンブリコ、Ｅ．ＯＮエスパーニャの3社を加えた5大グループです。これらは、それぞれ発電会社、配電会社、供給会社を持つ垂直統合型の持ち株会社でした。

これらの会社から送電系統の所有権を分離させて、政府が設立した独立系統運用会社であるＲＥＥに資産を集約しました。そして送電運用を一つにまとめたのです。ＲＥＥが設立される前は、風力の変動に悩まされていましたが、今では発電予測や電力市場の運営がとてもうまくいっており、再生可能エネルギー予測先進国となりました。

スペインは日本とよく似た状況にあります。欧州のはずれに位置し、電力融通が可能なのは隣国フランスが主で、ポルトガル、モロッコへの送電容量は大きくありません。陸の孤島のような存在です。

とはいうものの欧州の大規模グリッドに接続していますから、周波数問題はほとんどなく、同時同量問題があるのみです。

ＲＥＥのウェブサイト[14]はとても優れた情報源で、発電予測から市場取引、価格、発電割合など様々な情報がリアルタイムで見られるようになっています。最近、さらに新しいサイトもできました。

スペインの最大電力は３６００万キロワットくらいで、関西電力と同等規模です。しかし、再エネによる年間電力供給率は２０１３年断面ですでに40パーセントに迫っています。

夜間帯は２４００万キロワットくらいに需要が落ち込みます。

この時に強い風が吹くと、風力だけで１４００万キロワットくらい発電する日もありますので、需要の60パーセントを風力がまかなうことになります。このようなときには、石炭火力発電所もガスタービン複合発電所も最低出力まで絞って、それぞれ１００万キロワット以下になっています。

需要の変動を調整するのは一般的にはガスタービンですが、スペインではフランスとの間の連系線がこの調整を行っています。

連系線は数百万キロワットの輸出入を一日に2～3回以上行っています。10分程度の間に２００万キロワット輸出から、２００万キロワットの輸入に転じるというような緊急時対応が常態化しています。最大輸出電力４００万キロワットを超える時間は年間にわずか数十時間くらいしかありません。しかしそのための送電線強化が必要です。

このような送電線の使い方は、トラックモデルで考えると腕を引っ張ったり、緩めたりということをやっていることになります。限度を超えると、トラックの隊列がバラバラになってしまいかねません。

スペインでは、このように、精度の高い予測ができたとしても、いざというときのために送電線の増強を余儀なくされています。送電線増強と再エネ増加のイタチごっこのような状態に陥りつつあります。

太陽光発電接続審査保留問題の発生

一方日本では、輸出する先がない島国ですので状況が異なります。

電力系統もドイツのように四方八方に送電線がつながっているメッシュ型の電力系統とは異なります。東北／東京／中部／関西／中国／九州とほぼ一直線のくし型電力系統となっています。このような系統では余剰電力を輸出するルートが限られてしまうため、大量の再生可能エネルギー導入には向いていないと言われています。

第２章でも述べた通り、２０１４年9月24日に九州電力が、管内電力需要を超える接続申し込みがあったとして、再エネの接続検討をいったん保留するという発表がありました。これは九電ショックと言われて、関係者間では大いに話題になりました。

申し込み済みの発電設備がすべて接続されると約１２６０万キロワットにのぼり、九州電力の春や秋の電力需要を超えることが見込まれるためとの説明がなされました。

その後、東北電力、北海道電力、四国電力、沖縄電力も相次いで接続申し込みに対する回答を数か月間、保留をするという発表がありました。

その後、受け入れ容量の検討がなされ、年間30日間の発電停止を行う可能性があるという条件で接続検討が再開されました。太陽光の電力を直流から交流に変換するインバーターに、出力抑制装置を付けることも義務付けられました。

出力抑制装置とは、電力会社からの指令でインバーターが発電を停止する装置です。出力抑制装置の設備代や通信回線の費用負担は事業者に課せられました。その後、再エネ接続量の再計算がなされたりした結果、電力会社は接続の検討を再開しました。その結果、接続は少しずつ進められていますが、日本全体で、２０１６年2月末時点で７９００万キロワットの太陽光発電設備が認定されているにもかかわらず、導入容量、すなわち運転開始されている設備は２６００万キロワットほどしかありません[15]。

経済産業省による再エネ接続可能量の算定結果、九電管内では８１９万キロワットの太陽光が接続可能となりました。九州電力のホームページによると２０１６年３月時点で、すでに５９７万キロワットが接続済みで、354万キロワットが承諾済みとなっています（2016年5月現在）[16]。

これらを合わせると接続可能としている819万キロワットを超えています。ということは、出力抑制したとしても、もう太陽光は九州電力管内では設置できないということでしょうか？

ドイツでも出力抑制はかかりますが、最初は火力発電所や揚水発電所（ダムの代わりに上池と下池の間で水をやり取りすることで発電したり、充電したりする需給調整用の水力発電所）がその対象となります。風力、太陽光が出力抑制の対象になるのは最後です。

日本は、逆に風力、太陽光が最初に出力抑制がかかります。

年間を通じた再エネによる電力量が全電力需要の80パーセントとなることを目指しているドイツとは逆に、日本は再エネを抑制する仕組みになったのです。

風力発電所強制停止条件付き入札

欧州では再生可能エネルギーの主役はバイオマス、次いで風力です。太陽光は3番手です。

しかし、日本では、風力のFIT価格はあまり高くなく、認定容量は2016年4月現在で244万キロワットにすぎません。2015年7月時点での風力発電設備の導入実績を見ても300万キロワットに届かない程度です。

ドイツの2016年度の陸上と海上を合わせた風力発電機正味設置容量4700万キロワット[17]に比べると、日本の風力発電設置容量は一ケタ少ない状態です。

この理由はなぜでしょう?

風力発電はいつ発電を開始するか分かりません。また、いつ停止するかも分かりません。需要のピーク時に停止されると、火力発電所などを急いで起動しなければなりません。夜間の需要の低いときに風力が発電し始めると、それに相当する火力発電所を停止しないと、同時同量が守れません。

ドイツの場合は輸出入でこの問題を解決しています。

先程のドイツのEnergy Chartを見てみると、2015年の毎月の輸出入のグラフ[18]によれば、夏季には輸入は最大300万キロワット、輸出は最大1500万キロワットも、近隣諸国とやりとりしています。チャートの形を見てみると、計画的な輸出入というよりは、火力発電所を絞り切れないために他国との連系線が使われているようです。

繰り返しになりますが、日本は島国ですので、輸出入をする先がありません。発電所出力を絞り切れない下げ代不足が発生します。

2015年度断面での各社のシミュレーション[19]によると、風力発電に関する下げ代不足の最大値は、北海道電力20万キロワット、東北電力179万キロワット、中国電力58万キロワット、四国電力53万キロワット、九州電力82万キロワットとなっています。すべて加えると392万キロワットになります。

このため、風力発電に関しては、年間30日、720時間を上限として、無保証で遠隔出力制御される条件付きでの入札が実施されることとなりました。つまり、約400万キロワットが強制的に停止させられる可能性があるということになります。

ちなみに、太陽光発電についても同様の条件付き入札が実施されることとなりました。太陽光発電に関する下げ代不足の最大値は、同じシミュレーションで北海道電力58万キロワット、東北電力426万キロワット、中国電力265万キロワット、四国電力102万キロワット、九州電力253万キロワットで、合計1104万キロワットとなります。これだけの電力が強制的に停止させられるかもしれないのです。

50ヘルツ地域も60ヘルツ地域も上記の数値の数十倍以上の系統容量を持っています。揚水発電所は42地点2700万キロワット[20]あります。揚水発電所とは、水力ダムのように水を貯める池を高所と低所の二カ所に持ち、その間で水をくみ上げたり、落下させたりして電力を消費したり、発電したりする電力設備です。極めて大きな蓄電池のようなものです。その配置は関東から西日本にかけてまんべんなく分散しています[21]。揚水発電所の利用率はとても低く3%程度です。もっとフルに活用すべきなのです。仮に連系線や揚水を積極的に活用し、原子力の運転も現状レベルだという前提に立った途端、下げ代不足問題は相当緩和されることになるでしょう。

再エネ増大による矛盾の顕在化

このような系統運用の緩和により、再エネが増大する日はそう遠くないでしょう。

しかし、同期化力のない再エネ電源が、大量導入されると今度は再エネが系統全体を揺さぶり、周波数の安定性を損なってしまうという問題が顕在化します。

このような問題が前章の最後に述べた「電力システムの呪縛」です。

接続保留問題は、現行の電力システムでは仕方がない部分が多いのです。このような問題を抱えた電力系統のまま再エネを増やすことはできません。送電線を増強すれば解決する問題ではないということが理解していただけたのではないでしょうか？

この呪縛は、大なり小なり世界中の電力系統に共通のものです。この呪縛を解けば、人類のエネルギーは化石燃料から再エネへと大きく転換していくでしょう。

「デジタルグリッド」はこの呪縛を解くカギになります。

---

[1] http://www.jeea.or.jp/course/contents/12128/
[2] http://www.jeea.or.jp/course/contents/01103/
[3] https://ja.wikipedia.org/wiki/商用電源周波数
[4] https://ja.wikipedia.org/wiki/日本の電力会社一覧_(戦前)
[5] https://www.kankyo-business.jp/news/010987.php
[6] http://www.teitanso.or.jp/index
[7] http://www.meti.go.jp/press/2015/03/20160318003/20160318003.html
[8] http://www.meti.go.jp/press/2015/03/20160318003/20160318003.pdfから筆者算出
[9] http://www.fit.go.jp/statistics/public_sp.html
[10] http://ec.europa.eu/clima/policies/strategies/2020/index_en.htm
[11] http://www.bmwi.de/English/Redaktion/Pdf/renewable-energy-sources-act-eeg-2014
[12] http://energytransition.de/2015/07/renewables-covered-78percent-of-german-electricity/
[13] https://www.energy-charts.de/power.htm
[14] https://demanda.ree.es/demandaEng.html
[15] http://www.fit.go.jp/statistics/public_sp.html
[16] http://www.kyuden.co.jp/effort_renewable-energy_application.html
[17] https://www.energy-charts.de/power_inst.htmより筆者算出
[18] https://www.energy-charts.de/power.htm
[19] 次の各社のホームページにあるシミュレーションデータ(エクセル表)より筆者が計算した。
北海道電力:http://www.hepco.co.jp/energy/recyclable_energy/fixedprice_purchase/megasolar_handling.html#OUTPUTCONTROL
東北電力:http://www.tohoku-epco.co.jp/oshirase/newene/04/
中国電力:http://www.energia.co.jp/elec/seido/kaitori/moshikomi.html
四国電力:http://www.yonden.co.jp/energy/n_ene_kounyu/renewable/keitou_wg.html
九州電力:http://www.kyuden.co.jp/effort_renewable-energy_application.html
[20] 平成27年度版「電気事業便覧」、経済産業省資源エネルギー庁電力、ガス事業部監修、電気事業連合会統計委員会編P203 - 204
[21] http://agora.ex.nii.ac.jp/earthquake/201103-eastjapan/energy/electrical-japan/type/5.html.ja

第二部

デジタルグリッド

第5章

電力システムの呪縛から逃れる

再エネ大量導入の課題

このように再エネをめぐる対応はドイツと日本では対照的になってしまいました。ドイツは2050年までに電力量で80パーセントを再エネから得ると法律に明記しました。一方日本は、経済産業省が「長期エネルギー需給見通し」の中で2030年度の電源構成比で再エネ比率を22～24パーセントと想定するにとどまっています。

どうしてドイツでは、大量の再エネが導入できて、日本ではだめなのでしょうか？　政策の違いでしょうか？

これは実は技術的な問題です。

前章で述べた再エネによる電力の呪縛が原因です。

日本も再エネを入れて行きたいという気持ちに違いがあるわけではありません。しかしこの技術的制約にすでに直面しているのです。

ドイツもいずれ同じ技術的問題に直面します。

ドイツの電力需要はおよそ6000万キロワットです。しかしお隣のフランスは1億2000万キロワットです。ドイツは、フランス以外に周辺だけで7カ国の電力系統とつながっています。ドイツの電力需要は欧州全体の電力系統規模が約6億7000万キロワットと巨大ですので、その10パーセントくらいになっています。

ドイツの再エネによる輸出入変動は、先ほどのEnergy Chartで調べると2015年断面で最大1500万キロワットくらい[22]です。この変動の大きさは欧州全体の電力系統規模の2・2パーセント程度に当たると言えそうです。この程度の変動なら、問題なく吸収できるでしょう。

一方日本はどうでしょう。

過去の最大電力需要を見ると、東京電力がドイツとほぼ等しい6000万キロワット、東北電力が1500万キロワット、合わせて7500万キロワットくらいです。50ヘルツ系統はこれだけで閉じた系統となっています。北海道電力は400万キロワット程度で、同じ50ヘルツですが、東北電力と直流送電線で接続しているので別系統になります。

また東京電力の西側の中部電力、関西電力、中国電力、四国電力、北陸電力、九州電力は60ヘルツ系統です。東側系統とは周波数変換所で直流変換を介して接続しています。西側系統はそれだけで独立しており、全くの別系統になるのです。

つまり、東北電力と東京電力合わせた東側電力系統約7500万キロワットは、単独系統になっているのです。

この中で東京電力がドイツと同じような再エネによる電力輸出入を起こすと、輸出入する相手は1500万キロワットの東北電力だけです。ドイツのように周りに8カ国も輸出入先があるのとは大きく状況が異なります。1500万キロワットの東北電力に対し、1日に数度も1500万キロワットの電力輸出入を行うことは、100パーセントの変動になりますから、系統安定度上全く不可能です。

ドイツと東京電力はほぼ同じ需要規模ですが、欧州全体という大きな系統の中でドイツがやれることを、日本という小さなしかも分断された系統の中で東京電力がまねすることは困難なのです。

例えばベトナムでは最大需要が2600万キロワット程度ですので、日本の中部電力とほぼ同程度です。周りが中国やラオス、カンボジアなどに囲まれていますが、電力系統としては接続されていません。このような国に再エネが大量に導入されると、需要と供給のバランスが取れませんので電力の輸出入ができない場合、系統の安定度が保てなくなるでしょう。

再エネの量がどんどん増えると、ドイツですら同じ問題が出てきます。

仮にドイツの2050年断面での目標通り、再エネが全電力需要の80パーセントを超えるというような状況になると、再エネの設備利用率が低いので、過大な設備を設置することになります。例えば風力発電なら1億4400万キロワット必要になります（この計算は少し後の「電力量と電力」のところで詳しく説明します）。そうすると、需要を差し引いても輸出入する電力の大きさは最大で8400万キロワットくらいになると思われます。これはお隣のフランスの最大需要

1億2000万キロワットの3分の2にあたります。これを輸出入することは無理ですし、この前提は現実味がありませんが、利用率の低い発電設備には、このような下げ代不足問題がついて回ります。

つまり、今までの電力系統の仕組みでは、どのような地域でも、どのような国でも、再エネの大量導入という課題に対して答えることができないのです。

何かうまい解決策はないものでしょうか？

日本が課題解決に向けて最適な方法を見つければ、世界における解決策となり、あらゆる地域で再エネをたくさん導入できるようになります。世界全体が再エネを主体としたエネルギー構造に転換できることになるのです。

系統増強は答えなのか？

日本がモデル地域になって、世界に処方箋を示すことができればすばらしいことですが、どのような解決策があるのでしょうか？

解決策を見出すために、もういちど原点に立ち返ってみましょう。

そもそも、電力系統に接続する再エネが増えると、どうして急激な電力の輸出入が増えるのでしょうか？

最初にお話したトラックモデルを思い出してください。トラック群が横一直線で並んで走っているときに隊列を乱す小型トラックがたくさんあると全体が揺さぶられてしまいますね。

トラック同士をつないでいる腕が強く引っ張られたり、押されたりする感じです。この揺らぎが激しくなってくると、一定速度で走っているトラック群の美しい隊列が維持できなくなります。

電力システムではこの腕を引っ張る力が送電線を流れる電力潮流の大きさになりますので、電力潮流が大きく流れ込んだり、流出したりするという状況になります。電力の輸出入に当たります。

この輸出入が激しくなってくると、周波数が安定的に維持できなくなります。共振現象が起き始めます。

再エネ導入による系統安定度の低下が原因ならば、その分系統連系送電線の増強をすればいいのではないか？ という意見がかなり大勢を占めます。実際、世界中で連系送電線を建設する計画が相次いでいます[23]。日本でも再エネ導入には送電線の増強がカギだという意見が多いです。

しかし、これはトラックモデルで言うところのトラック同士の腕を太くするということに他なりません。その間に割り込んだ再エネという変動の大きいトラックは集団で隊列を乱すことになります。

周波数が電力系統全域で同じ値をとるということはすばらしい特徴なのですが、逆にこの束縛により、電力潮流の揺らぎが始まると系統全体に一瞬にして広まります。簡単には収まらなくなってしまうのです。動揺が激しくなると連鎖的に停電し始め、大停電になることもあります。

日本では１９８７年、１９９９年、２００６年、２０１３年には東京を中心とした大規模な停電が起こっています。アメリカでは１９６５年、１９７７年、２００３年と大きな停電が起こっていますが、最近は毎年のように大停電が発生しています。２００６年のヨーロッパ広域停電は、まだ記憶に新しいところです。２００９年にはブラジルを中心に広範囲の停電があり、２０１２年にはインドで９億５０００万人の人々が影響を受ける大停電が起こりました。

欧州は大変広い電力系統で同じ周波数ですので、多少の電力潮流の変動はなんともありませんが、再エネの比率が高まってくると同じ問題に直面します。

信頼性を高めようと系統増強をすればするほど影響が及ぶ範囲が大きくなり、いったん変動が始まると抑制できなくなってしまいます。問題の本質は下げ代不足と同期化力不足なのです。

残念ながら、系統増強は答えではありません。

電力量と電力

系統の安定度を維持するということを考えたときに大事なのは、瞬間的な電力とか瞬間的な需要になります。単位はキロワットです。出力と需要のバランスは瞬時たりとも同時同量でなければなりません。

一方、電力量は通常1年間に発生した電力の総量を意味します。この単位はキロワットアワーです。ある発電設備が1年間フルロードで発電し続けたら、発生した電力量は発電設備のキロワットに1年間の時間（24時間×365日＝）8760時間をかけたものになります。しかし、通常フルロードで発電し続けることができませんので、その発電機の利用率をかけた電力量になるのが一般的です。

需要から見ても同じことで消費電力量という表現をしますが、1年間最大需要を消費し続けるわけではないので、最大需要×負荷率という表現で表される消費電力量になるのが一般的です。

ドイツの例でいうと、最大需要が、6000万キロワットとして負荷率が60パーセントだとすれば消費電力量は3153億キロワットアワーになります。

このうち80パーセント相当を再エネでまかなうとしています。3153億キロワットアワー×80パーセントは2523億キロワットアワーになります。

仮にこの消費電力量を風力発電設備で全量供給したとすれば、2523億キロワットアワー÷（8760時間×20パーセント）＝1億4400万キロワットの設備が必要になります。

この計算を一般化すると、［風力や太陽光の設備容量＝最大需要×負荷率×再エネエネルギー量割合÷再エネ設備利用率］となります。

ドイツの最大需要を6000万キロワットとし、負荷率60パーセント、再エネエネルギー量割合80パーセント、風力設備利用率20パーセントとして、この式に代入すると、必要な風力設備容量は1億4400万キロワットとなり、同じ結果を得られます。

この風力発電設備は風が強く吹いたときには当然、1億4400万キロワットの電力を発生します。このときドイツ国内の需要が6000万キロワットあったとしても、差し引き8400万キロワットの電力は、隣国に輸出しなければなりません。

隣国でこれだけの電力を吸収するためには、その国のかなりの発電設備を止めなければなりません。そもそもこれだけの大きな電力を流すためには送電線を追加で作らなければなりません。

太陽光の設備利用率は12パーセントから25パーセントぐらいの範囲で、国によって異なりますが、風力の場合と同じように最大需要を大きく上回る設備が必要になります。したがって太陽が出たときには、大量の電力を隣国に輸出しなければなりません。

このように電力量で再エネ負担率を80パーセントに引き上げるということは、大変チャレンジングな目標で、現在の電力系統ではほとんど不可能だということが言えます。

系統安定度の維持

電力系統が大きくなればなるほど、電力会社にとってもっとも大事な仕事は系統安定度の維持になります。

安定度を保つためには発電と消費を常に同時同量に一致させる必要があります。発電が足りないときは消費をカットするというのが一番手っ取り早い方法になります。東南アジアでは日常的に行われている方法です。輪番停電です。外国ではロードシェディングと言います。日本でも東日本大震災のときに関東を中心に実施されました。

逆に発電が多すぎるときは、発電をカットするというのが一番手っ取り早い方法になります。これが前述した再エネの出力抑制です。もちろん再エネ以外の電源を抑制してもいいのです。

電力系統維持のために需要をカットする、あるいは発電をカットするという考え方は、中央管理システムの目指しがちな方向性です。

しかしこれは大きな過ちです。本来顧客に対するサービスの追及をしなければならないはずなのに、システム維持のために顧客に対するサービスを停止するということは民間事業者のとるべき方向ではありません。デマンドレスポンスという名の顧客の電力需要操作も本質的にサービスの劣化につながる恐れがあります。この方向性も避けるべきでしょう。

また、再エネ発電事業者に対しても、下げ代不足を理由に発電をカットすることは避けるべきことです。不安定な電源といえども電力会社にとっては、商品である電力を卸してくれる大切な仕入れ先です。システム維持のために発電をカットするということは、彼らを下請け業者のように扱うことになってしまいます。再エネは、燃料代を使わないという高い経済性を持った電源ですし、温室効果ガス削減の観点からも、それを真っ先に停止するというのは避けるべきです。

やむにやまれぬ事情があるということは今まで見てきたようによく分かりますが、なおさらこういう問題が起こらないような技術革新を目指すべきです。

残念ながら、最新の再エネ事業者と電力会社の契約は、年間最大30日間の発電カットを無条件に受諾するという契約になってしまいました。

技術的な問題があるからやむにやまれずお願いするという発電カットや需要カットのはずなのですが、いつの間にか、新規参入した発電事業者の勉強が足りないのだとか、顧客を教育する必要があるとかという議論にすり替わりかねないことについては気をつけなければなりません。これはすでに欧州などでも見られる傾向です。

実はこれが中央管理の陥りがちな過ちなのです。サービス業の本質が見失われてしまうのです。本来は系統側がイノベーティブな技術革新に挑戦すべきなのですが。

分散制御は解なのか?

再エネ大量導入の解が、系統増強でも、発電や消費のカットでもないなら、最近よく言われる、スマートグリッドやマイクログリッドが解なのでしょうか?

これらはよく分散制御という言葉で表されます。

この言葉でイメージされるのは、一般的にはマイクログリッドと言われる中小規模な電力系統のことでしょう。マイクログリッドは既存の大規模発電所からの送電電力にはほとんど依存せずに、自らの電源として分散型発電設備を持ち需要を持っている小規模な電力系統を言います。電源としてディーゼル発電機やガスレンジ発電機に加えて太陽光発電、バイオマス発電、熱併給発電等をもって自給自足できるように発電調整を行うのが特徴です。

マイクログリッドは再エネを導入するのには適した形態なのですが、既存の電力系統とは従来通り接続していますので、周波数制約を受ける点では旧来系統と何ら変わっていません。

マイクログリッドの中の再エネ率を高めれば、やはり系統への電力出し入れは大きくなっていき、根本的な問題は何ら解決していないことが分かります。

そのためか、マイクログリッドという言葉が生まれてから久しいのですが、あまり普及している様子はありません。特殊な適用例としては、米国の軍事施設が水や食料の自立に加えて、電力の自立を目的として、マイクログリッドを構築しています。

マイクログリッドとデジタルグリッドの大きな違いの一つにはこの自立可能性があります。既存の電力系統の周波数制約を受けずに自立可能になれば、マイクログリッドも再エネ大量導入に対する解となる可能性があります。

ここ7、8年ぐらいスマートグリッドという言葉が普及し始め、世界中でビジネスチャンスを狙う企業であふれています。スマートグリッドは送電網のリノベーションであるとか、顧客と電力や市場をつなぐIT技術革新であるとか、いろいろな見方がありますが、未だに評価が定まりません。

はっきりしている違いは、従来の積算型の電力量計が通信機能を持ったリアルタイム型のスマートメーターに置き換わり始めていることです。勘違いされやすい点は、このスマートメーターが電力会社にとって制御に使われる重要なものになると思われるところです。今まで見てきたように、電力会社の電力調整は周波数の変化を見て行っています。これは非常に高速な需給バランスの指標です。スマートメーターのデータを加算して、需要を把握するなどという時間のかかることをやっていては間に合いません。

従って顧客サイドのスマートメーターはリアルタイムの制御には一切使っていません。

実はスマートメーターは電力事業への新規参入者のためのものです。

新規参入者が同時同量を守っているか？　新規参入者の課金は妥当か？　等を検証し、彼らがビジネスに参入しやすくなるようにするための計量器です。電力会社自身にとってはあまり魅力のあるものではありません。むしろスマートメーターが入ることにより、通信回線の信頼性確保、通信コスト増大、メンテナンスの費用の増大など新たな問題が生まれつつあります。

膨大な労力とコストを必要とするにもかかわらず、電力会社自身の売り上げは、新規参入者に奪われていきます。

新規参入者に対して手数料を取れば良いではないか、という意見もありますが、この新しい設備のコストはどのくらい膨大なものになるのか見当がつきません。少なくとも電力会社にとって強いインセンティブが働く装置ではないのです。

電力会社はスマートグリッドが電力自由化の流れの中で重要な位置づけにあり、スマートメーターはその最先端のデバイスであるということについては理解しています。

従って、表立っては積極的にスマートグリッドを推進する立場にあるように見えますが、実際のところは消極的であるというのが実情ではないでしょうか？

このようにスマートグリッドは、電力系統の電気的な制約を開放するというものというよりは、むしろ電力系統の情報をオープン化し、誰でも使えるようなものにして、ビジネスの機会を拡大するというものと言えるでしょう。

従って、単純な分散制御であるマイクログリッドやスマートグリッドは、再エネ導入率が高まった場合の電力系統の安定度維持というような電気的な根本課題について、何一つ応えるものではないのです。

非同期連系の巨大な効用

では、再エネ導入率が高まった場合の電力系統の安定度維持に関して、どのような答えが考えられるのでしょうか？

実はその答えの1つは既に現在の電力系統の随所に見られるものです。

それは「**非同期連系**」という技術です。言葉は難しいですが、内容は簡単なものです。交流系統同士を直流を介して接続するということです。非同期連系では有効電力だけを通過させます。無効電力の情報は消えてしまいます。周波数や位相という情報も消えてしまいます。ただ単に有効な電力を通過させることができるのです。

東京と中部の間は50ヘルツと60ヘルツの違いがあるので、周波数変換所により非同期連系がなされています。同じ周波数60ヘルツの北陸と中部の間では南福光変電所の30万キロワットのBTB（Back to Back：バック・トゥ・バック）により、四国と関西の間では紀伊水道直流送電設備140万キロワットHVDC（High Voltage Direct Current：高圧直流送電）により非同期連系がなされています。これは、北陸や四国が複数の電力系統と接続しようとすると、中部や中国電力と位相がずれるためです。位相がずれていても電力をやりとりできるのがこの非同期連系の良いところです。このほかに東北と北海道の間もHVDCによる非同期連系がなされています。この非同期連系、特にBTB技術がデジタルグリッドの肝になります。詳しくは次章に述べます。

日本はこのように、電力変換技術を用いた非同期連系が随所に活用されて、一時期は世界のトップクラスだったのですが、現在ではこのような電力変換技術による非同期連系プロジェクトは目立ったものがありません。

トラックモデルで言えば、並んで走っていたトラック群のスピードがバラバラになってもつないでいる腕は伸び縮みし、その腕の中に燃料が流れ、必要なエネルギーはお互いにやり取りできる、という状況になります。

今までのように細かいスピード調整は不要になり、それでいてエネルギーを融通しあえる画期的な仕組みになります。

すでに説明したように、例えば、東日本と北海道はＨＶＤＣという直流送電線で接続されています。北海道の電力需要はおよそ４００万キロワット、東日本は東京と東北を合わせても平均的には４３００万キロワット程度です。この間を北本連系線という直流送電線が海底ケーブルで接続されています。その容量は60万キロワットあります。

北海道の電力系統のサイズが東日本の約10分の1ですから、周波数の安定度は系統の大きい東日本の方が良いと思われるのが普通でしょう。しかし、この直流連系により北海道の周波数は、東北の周波数よりもずっと安定しています。連系線を通して北海道の周波数を安定させるように電力が調整されているのです。

東日本大震災の3・11のときも、東日本の電源はことごとく停電を起こしましたが、北海道は全く無傷でした。系統の周波数の動揺が直流で打ち消されて、伝搬されなかったわけです。

同様に、西日本との間は周波数変換所があります。この周波数変換所では50ヘルツの交流系統と60ヘルツの交流系統を直流を介して接続しています。従って、周波数の制約から解放されているわけです。やはり3・11の東日本大震災時に、西日本は全く影響を受けていません。

欧州ではスカンジナビア半島と欧州大陸とのあいだはすべて直流連系でつながれています。イギリスと大陸側も直流でつながれています。

米国とメキシコあるいは米国とカナダの間も直流を介して接続されています。

ブラジルの内部や南米の近隣諸国との連携も直流でなされています。中国内部には20を超える直流送電プロジェクトが計画されています。ロシアと中国の間の系統接続点にもＢＴＢによる直流連系が計画されています。このように直流による非同期連系は非常に多くの電力系統に使われており、電力系統の安定化を向上させるのに寄与しています。

非同期連系を高圧や低圧配電系統などの下位の電圧系統にも使用範囲を広げれば、有効電力や無効電力を自在にコントロールし、電圧問題も解決できます。例えば太陽光のインバーター等が無効電力を自在に注入することが許されれば、柱上変圧器のリアクトル成分を活用して、電圧を制御し安定化させることが可能になります。

このように非同期連系が、解の糸口になるのです。

電力システムの呪縛から逃れる

交流を直流に直したり、また直流を交流に戻したりする技術のことを電力変換技術と言います。ここで使われる重要なデバイスが電力半導体です。半導体といえばトランジスタやＩＣ、あるいはメモリーなどが頭に浮かびますが、電力半導体も大きなトランジスタと思って間違いありません。１００万キロワットを超えるような大容量の電力変換は、サイリスタと呼ばれる電力変換素子が使われています。サイリスタは交流周波数と同じ周波数で電流を切ることができます。つまり、１秒間に50回とか60回の電流遮断を行うわけです。しかし、最近の電力変換素子はＩＧＢＴ（Insulated

Gate Bipolar Transistor）と呼ばれるものが主流になってきています。ＩＧＢＴは、１秒間に２万回の電流遮断を行います。

ＩＧＢＴの容量も年々大きくなっており、１００万キロワット以下のクラスでは、今ではサイリスタを代替する重要な電力変換素子となりつつあります。出力は小さいものの、１秒間に１００万回の電流遮断が行えるＭＯＳＦＥＴも重要な電力変換素子です。さらに最新鋭の電力変換素子であるシリコンカーバイド（ＳｉＣ）とか窒化ガリウム（ＧａＮ）とかも市場に出てきています。

このような電力変換素子は、電力系統にとってどれほど重要なことなのでしょう？　スマートグリッドやマイクログリッド、デマンドレスポンス、ＨＥＭＳ、ＣＥＭＳなどいろいろな新しい単語が生まれてきましたが、電力変換素子もその一つなのでしょうか？

実は電力変換素子の誕生は、他のものとは比べものにはならない全くレベルの違う革命的な出来事なのです。

１秒間に数万回もの電流遮断を行うということは、巨大なパワーをデジタル化するということになります。１３０年続いた電力システムの呪縛から逃れることができるのです。電力変換素子により、周波数制約がなくなります。

トラックモデルで言えば、隊列を組んで走っていたトラック群、しかもタイヤの位置まで同期していた数千台ものトラック群が、強固に結びつけていた腕を解放し、お互いに自立走行することが可能になるのです。

電力システムは同期発電機により互いに結び付き、どんどん肥大化してきました。しかし、その反動として連鎖大停電のような脆弱性を持つことになりました。

電力半導体の発明は、電力システムの呪縛であったこの強力な結び付きを解放し、周波数制約をなくし、かつ電力エネルギーの伝達をスムーズに行うことができる画期的な出来事であると言えます。さらに有効電力や無効電力を自在に調整し、電圧も自在に制御することができます。

再エネ大量導入の課題である下げ代不足や系統安定度問題、周波数制約や電圧問題の全てから解放されそうですね。

次の章では、この技術を使うとどのような電力システムに変貌して行くのかを見ていきたいと思います。

第6章 デジタルグリッドの誕生

非同期連系を実現するインバーター技術

前章で再エネを大量に導入するには系統増強もスマートグリッドも解ではなく、電力系統の呪縛を開放する「非同期連系」という技術が必要になるということを説明しました。

非同期連系技術などというととても難しいものに聞こえますが、実はとても身近な技術なのです。皆さんの家にあるエアコンはほとんどインバーターエアコンですよね。ここにも非同期連系技術が使われています。エアコンのスイッチを入れるとしばらくの間、ウォーンという音を立てていますが、設定温度に近づくと、静かな音になりますね。これはエアコンの中にあるコンプレッサー用のモーターの回転数が高速回転から低速回転に変化するからです。

エアコンの中の電気回路では、コンセントから得られる交流の電気をいったん直流に変換します。その直流を1秒間に数万回入り切りして、新しく交流を作ります。たとえば1秒間に2万回とすると、1回の入り切りは50マイクロ秒の間に行われることになります。1マイクロ秒とは100万分の1秒のことです。このとき入りの時間と、切りの時間の長さの割合を繰り返し変化させることで任意の周波数の交流を作ることができます。エアコンの場合は、起動時には100ヘルツ程度の交流を作り、低速時には10ヘルツ程度の交流にすることでモーター回転数を変化させているわけです。

インバーターは電力変換素子のスイッチング次第で直流側から交流側に、あるいはその逆に任意の電力を送ることができます。周波数も変えられます。

このようなインバーターを二つ使えば、交流を直流に直して、その直流からまた交流を作るバック・トゥ・バック（BTB）になります。いったん直流にすることで交流システムの呪縛であった周波数制約から解放されるのです。交流と交流を直流を介して接続するのがBTBという非同期連系技術です。

非同期連系技術なんて本当にいるのだろうか？　電力変換損失が増えて無駄ではないのか？　と思われる方も多いと思います。

そこでちょっとジャンルは違いますが、類似例をご紹介したいと思います。

非同期連系と似ている車のオートマ

それは、自動車のオートマチックトランスミッションです。略してオートマと言いましょう。オートマには「流体継手」という技術が使われています。流体継手とは、流体を介して回転運動の伝達を行うクラッチの一種です。継手ボックスの中に回転する羽根車状の円盤が二つあり、片方がエンジン側、もう片方がタイヤ側に接続されています。継手ボックスは粘性の高い液体、通常はオイルで満たされており、エンジンの力を流体の粘性を介してタイヤに伝えていきます。エンジンの回転数が直接タイヤに伝わるわけではありません。

昔は車のトランスミッションといえば、マニュアルシフトが主流でした。自動車の発進時にはギアをローに入れ、加速し出すとクラッチを切って、セカンドギアにシフトしてクラッチをつなぎ、スピードが上がるにしたがってサードギアやトップギアにシフトチェンジしていきます。ギアの比率が違うので、これによってエンジンのパワーはダイレクトにタイヤに伝えられ、心地よい加速感とコントロール性能をもたらしたのです。

エンジンパワーを直接伝達するマニュアルシフトの方が、効率が良く、加速がよく、コントロール性能が高いと言われ、オートマは酷評されました。

そのため、発売当初はオートマの評価は非常に低いものでした。

しかし、徐々にこの間接的な動力の伝達の良さが評価されようになったのです。

まず、マニュアルシフトでは頻発したエンストが、オートマになると、まったく起きなくなります。エンジンが回っているのに自動車は停止したままということが可能になりました。

つぎに、クラッチが不要になりました。坂道発進のような時でも、クラッチとアクセルとブレーキを巧みに操る必要はなくなったのです。

燃費が悪いという悪評もこれらの利便性の方が優勢になり、徐々にオートマが主流になっていきました。

アメリカでは、1945年には5パーセント未満だったオートマ車は、わずか20年後の1965年には95パーセント超になりました[24]。日本も現在はオートマが主流ですね。オートマは、自動車の動力をエンジンとタイヤの間で非同期に連系する技術です。

私は、電力系統における非同期連系技術も自動車のトランスミッションと同じような歴史をたどるだろうと思っています。20年もしないうちに、あらゆる電力接続点が非同期連系化するだろうと思います。

非同期連系技術は今まで述べてきたような電力システムのあらゆる呪縛を開放します。電力システムは想像をはるかに超えた進化を遂げるでしょう。

デジタルグリッドルーターの発明

非同期連系技術の代表例、BTBは交流を直流に変換する双方向インバーターと直流をまた交流に戻す双方向インバーターの2つを組み合わせています。外から見ると交流の端子が2つ出ているものとなります。一方の交流端子から入力した交流電力は他方の交流端子からほとんど損失なしで出力されます。しかし、BTBの中でいったん直流になっていますので、周波数情報は消えています。つまり50ヘルツの電力を入力して60ヘルツで出力したり、0ヘルツすなわち直流で出力したりすることができます。

ここに双方向インバーターをもう一つ追加して交流出力端子が3端子になると、自由度の高い電力ルーターができます。一つの端子が故障しても他の端子から電力を供給し続けることができるので、信頼性の高い二重電力供給システムにもなります。

スイッチで電気を入り切りするのとは全く違って、滑らかに電力を増やしたり減らしたり、出力端子を切り替えることで、電力の流れるルートを短時間でスムーズに切り替えたり、適量ずつに配分したり、ということができます。電気を切るというと機械的に電線の接続を切り離すようなイメージがありましたが、電力ルーターでは、電気を切るには電流をゼロに制御するというソフトなやり方をとります。

この電力ルーターはデジタルグリッドの主要な装置となります。

これをデジタルグリッドルーター（ＤＧＲ）と呼ぶことにしました。

電力をスムーズにルーティングできるデバイスです。

双方向インバーターをさらに複数台追加してＤＧＲ内の直流母線に接続すれば多端子型の電力ルーターが実現します。

インバーターの各端子は交流の系統連系モードや自立運転モード等はもちろんのこと、直流の蓄電池充放電モードや、太陽電池パワコンモード、燃料電池インバーターモード、電気自動車充放電モードなど様々な用途に使えます。

大型化すれば、変電所の系統用遮断器の代わりにＤＧＲを置いて電力のスムーズなコントロールを実現することもできます。電力変換技術になると、リアクトルにより電流制限がなされますので、従来のような電力の大事故は起こることがなくなり、高速に事故電流を遮断することが可能になります。

ＤＧＲの端子を特定するために、インターネットで使用されるＩＰアドレスを使うことにしました。

ＩＰとは、Internet Protocol のことで、インターネット上で使われる言語のようなものです。ＩＰアドレスは、動作する装置を特定するための住所と思っていただければよいと思います。身近な例では皆さんのメールアドレスが似たようなものと言えるでしょう。メールアドレスの＠マーク以下はメールサーバーのＩＰアドレスです。ドメインネームサーバーとも言います。これを特定して、その中のあなたのメールボックスにメールが蓄積される仕組みがインターネットメールなのです。

ＤＧＲ一つ一つにＩＰアドレスを付けて、各インバーターに名前を付ければ、それぞれがメールアドレスを持ったかのようになります。

このＤＧＲは、異なる電力系統をつなぐだけではなく、異なる発電機や負荷をつなぐことにも使われます。家庭や工場レベルであれば、太陽光やミニ風力、蓄電池などをそれぞれの端子に接続し、充放電器やパワコンの代わりにする上に、系統連系インバーターや無停電装置（ＵＰＳ）にもすることができます。

ハードウェアは同じですので、系統連系保護装置や単独運転検出リレーなどもすべてオペレーティングシステム（ＯＳ）上でデジタルに構築することになります。

スイッチを入り切りしたら大きなノイズが電力系統に流れ出すのではないかという心配がありますが、既に数多くのインバーターがこの問題に直面し、解決してきています。現在のスイッチングスピードは１秒間に２万回から１００万回です。スイッチングスピードが上がり、適切なノイズフィルターなども開発されてきたことにより、ノイズの問題は解消されてきました。

このように多端子型のインバーターによるＤＧＲは、ソフトウェアの力で電力を直接制御し、個々にメールアドレスを持ったコンピューターのような総合電力調整装置になるのです。

そして最も重要なことは、ＤＧＲによって構成される電力システムは、周波数や電圧の制約から解放されているということなのです。

ＤＧＲは電力システムにおける魔術師のような存在になり、電力のみならずエネルギーのインターネットを実現する基礎技術になるでしょう。

ＤＧＲがネットにつながる

ＤＧＲのソフトウェアは、パソコンのＯＳと同じように定期的に更新されることになります。そのためにもルーターは固定したＩＰアドレスを持ち、ＭＡＣアドレスの管理やセキュリティーの対策をきちんとして行く必要があります。

ＭＡＣアドレスとは、装置の物理的なアドレスなので、変更されることはなく一台の装置に一つのアドレスがつきます。

一方ＩＰアドレスは設置場所等により、変更されることが可能です。

こうしてＤＧＲがネットにつながるようになると、電力そのものを、メールを送るような感覚で、目的地に送ることができるようになります。

ＤＧＲ同士は、ネットを経由して会話ができるようになります。お互いの条件を確認して、電力取引を約束したり、実行したり、その確認を検証したりできます。

電力システムには発電と消費の同時同量という原則がありますから、送りと受けを一対にしてタグ付けしてあげると、その一対の電力送受が他の電力と区別されるのです。すべての発電と消費をＤＧＲ単位で紐づけることで、同時同量は自動的に達成できるのです。

ルーターの各端子は、太陽光パネルや蓄電池あるいは需要家の配電盤等様々な発電設備や貯蔵設備負荷などにつながっていますので、どこでどれだけの電気が発生し、それがどんな発電設備なのか、再エネなのか、石油などを使った化石燃料系の発電なのか、などが特定できます。発電した時間、場所、大きさなども特定できます。CO_2の発生量も特定できます。

需要側についても、いつどこでどれだけ消費したか、特定できます。

これらの活動すべての記録（ログ）をとっていくことが可能です。

このログを、電力の「プロパティ」と呼ぶことにしましょう。

ルーターがＩＰアドレスで特定され、各インバーター端子がポートナンバーなどで指定されると、あるルーターから電力系統上の他のルーターを指定して、電力を送ることが可能になるのです。送る電力は特定のプロパティを持っていますのでそのプロパティごと送ることができます。

このプロパティをハッシュ関数で変換して送るというようなことをするとブロックチェーンに近づいていきます。これは新しい金融技術Fintechです。

ちょっと先を急ぎすぎました。

詳しくは第11章や第13章で述べますが、インバーターやＤＧＲがソフトウェアベースの装置になり、デジタル技術が導入されると、電力のインターネットのような世界が始まります。

特定された電力の発電や消費は、あたかも電力が個別の商品になったかのように取引されることになります。電力だけではなく、それに付随する様々な価値、例えばCO_2価値、デマンドレスポンスの価値、発電や需要の予測の価値、保険、先物など、あたかも金融商品のような様相を呈してきます。

従来の電力系統では、電力システムを維持する周波数問題、電圧問題などに制約されて、このような商品取引の対象として電力が考えられることはありえませんでした。

しかし、非同期連系という技術により、電力システム用の制約が解放されると、電力すらも１つの商品として多様な価値を提供し、それを交換することが可能になってきます。

デジタルグリッドの誕生

このようにして生まれた多端子型ＤＧＲは、安価でネットにつながり、あらゆる電力機器に電力を届け、非同期連系技術で流体継手のように電力系統を分断していきます。

ＤＧＲにより、電力系統と非同期に接続する中小規模の電力系統をデジタルグリッドの「セル」と呼ぶことにします。セルは自分で発電もし、系統からも電力をもらい、再生可能エネルギーをふんだんに取り込むことのできる自立可能な分散型の電力系統です。中小規模の電力系統をセル化する一番低コストで効率的な方法は、電力会社の変電所の配電線フィーダースイッチをＤＧＲで置き換えることです。もっと簡単なのは、需要家の配電盤や高圧受電盤のブレーカーをＤＧＲで置き換えることです。

系統との接続に加えて、セル同士もセルのＤＧＲの端子を、自営線などで独自に接続することでメッシュ状のネットワークを構築することが可能です。

従来の電気系統であれば、多重の電気接続は、電流の回りこみが起こるということでご法度でした。電気を２カ所以上から受電すると、若干の位相のずれが起こり、それによって電流が流れ、加熱したり火災が発生したりすることすらあります。

しかし、DGRで非同期に接続すると、この回り込みはなくなります。電力システムの呪縛の一つでもあるこの回り込みがなくなるどころか、複数の電力供給ルートができるため、強い電力システムを作るのに大いに役立ちます。大中小さまざまなサイズの数多くのセルが、系統からも内部の自家発からも再エネからも隣接セルからも、電力を融通しあえます。

どこかで停電が起こっても極めて速やかに電力を送ってあげることができます。2カ所、3カ所から電気が送られていれば再エネで発電し過ぎたときとか、足りないときに融通してもらいやすくなります。このような融通ルートをたくさん持ち、自分でも発電設備を持っていれば、このセルは自立しているといえます。

一般的に、「じりつ」分散型と言うと、「自律」の字をあてることが多いようです。しかし、この自律は複数の発電機の制御を需要に合わせるように行うものが多く、基幹電力系統に直接接続している点では、電気的制約から解放されてはいません。

デジタルグリッドでは「自立」の文字をあてます。

自立セルとは系統が停電しても、全く影響を受けずに、連続的に自分で電気を供給し続けられる分散型の電力系統を意味します。自立セルが増えるということは、電力システム全体としての信頼性を格段に向上し、従来の基幹系統の負担を大幅に軽減します。

ルーターの持つ情報のやりとりのため接続するインターネットを「DGクラウド」と呼ぶことにしましょう。ルーターがインターネットにつながる回線は通常のイーサネットや光回線、3G／

4Gネットワークなどが使えます。

このようなルーターや、セルや、クラウドからなる新しい電力システムを「デジタルグリッド」と名づけました。

デジタルグリッドは、決して既存系統と相容れないものではなく、既存系統の一部をデジタルグリッドセルに少しずつ置き換えていくという形で発展していくのだろうと思っています。

既存系統をむしろサポートし、信頼度を向上させ、大量の再生可能エネルギーを導入しつつも、既存系統に変動の影響を与えないというハイブリッドな仕組みが構築できます。

既存系統が太い幹であれば、デジタルグリッドセルは太陽の光を燦燦と浴びて光合成をし、養分を蓄え、幹に送り返す葉っぱのようなものです。

セルができてすぐは、生まれたての子供のようなもので、必要に応じて基幹系統から電力をもらわなければ、育っていきません。しかし、うまく育てられれば、いずれ安価な再エネなどをふんだんに使いこなし、基幹系統に電力を送り返してくれるようになるでしょう。基幹系統は相当楽をさせてもらえるようになるはずです。

今まで基幹系統は周波数を維持し、電圧を維持し、停電をできるだけ少なくし、起こったとしても、最短で回復するための多重系統化を行うなど巨額の資本投下をしながら信頼性を高めてきました。

しかし、デジタルグリッドでは、この発想を転換し、これ以上の基幹系統の信頼性を求めません。むしろ基幹系統の信頼性を少し落としてでもセルグリッドの自立と組み合わせて、システム全体としての信頼性を高めようとするものです。

ちょうど子供が親の庇護の下で成長し、やがては親孝行をするようなものです。電力系統は再エネという新しいエネルギー源を得て、このようなハイブリッドなものに変化していくだろうと思っています。

新興国や途上国では、セルグリッドが先に生まれ、後から基幹電力系統が延伸されてきて、セルにつながるということが起こるでしょう。

先進国では、今ある電力系統の末端からセル化され、基幹系統の負担を低減させ、セル内再エネ比率を高め、温室効果ガスを低減させることができるでしょう。減価償却の終わった再エネは、電気価格を下げ、自立可能セルにより系統コストも低下し、電気を使う産業の製品競争力は格段に強くなるでしょう。その結果、電気そのものの売り上げ規模も現在の数倍から十数倍になるでしょう。

セルグリッドが生き生きと活動開始

ルーターで分離されたセルは、電気的には自由なものになりますので、直流系統にしてみたり、周波数の高い電力系統にしてみたり、あるいは既存系統と同じ周波数にしてみたりと、自由な設計ができます。

既存系統と同じ周波数や電圧であれば、既存の配電系統はそのまま使えます。たくさんのルーターを自営線でつないで既存の配電網と二重化することも可能です。セルグリッドの中では、競争原理が働き出しますので、より価値の高い電源が多くの顧客を得ることになります。もちろん系統電源も非同期で接続していますので、顧客の選択肢の1つになります。

基幹系統側は今までの責任ある立場から解放されて、好きな時に停電作業を行ったり、予備にとってある送電容量をフルに活用したりすることができるようになります。これにより系統負担が減りますので、安価な託送料金を提案することなどにより競争力を高めることができます。

セルグリッドの大きさについては様々なものが考えられます。工業団地や商業団地、大規模な住宅団地、工場群、コンビナート、キャンパス、病院、村落、島嶼地などもその候補ですが、大きくとらえると、北海道のエリアもセルグリッドとみなすことができます。

デジタルグリッドではセルグリッドが主役になっていきます。つまり消費者が主導するマーケットになっていくということです。

Prosumer（生産者 Produser と、消費者 Consumer と組み合わせた造語）とは著名な未来学者、アルビン・トフラーが著書「パワーシフト」の中で作った言葉ですが、その意味するところは、パワーが生産者から消費者にシフトするということなのです[25]。電力の世界では再エネで発電する消費者にパワーがシフトしだすでしょう。

契約形態も様々なものになっていくだろうと思われます。再エネは燃料代がかからないのですから、定額料金の仕組みが適しているかもしれません。地域、地域によって地熱バイナリー発電や潮流発電など特殊なものが有利かもしれません。

消費の形態も様々です。また、消費者の好みも様々です。

電力が識別されるようになり、個別の商品化が図れるようになると、これらの取引は活発化され、セルは生き生きと活動を開始し、今では想像もつかないような技術が生まれてくるだろうと思います。

まずはセル内需要を満たそう

セルグリッドの考え方は、まず自分たちの電力需要を自分たちの発電設備、特に再エネを使った発電でまかなおうというものです。

いわゆる地産地消です。

電力需要の形態はその地域や産業構造によってかなり異なりますし、発電技術もその地域、地域で経済性の出るものもあれば、そうでないものもあります。

従来の技術開発は地域性というようなものは考慮せず、どこにでも当てはまるものを促進してきました。セルグリッドでは地域特性というものを大事にします。発電技術の経済性は、電気を起こす発電設備そのものよりもエネルギー源を調達するインフラや発電した電気を送る送電インフラなど周辺技術が支配することが多いのです。例えば水力発電所の経済性が良くないと言われていても、地域によっては需要地に近いところに落差のある川が流れていて、自然のダムのような形になっている場合もあります。地熱発電も通常では経済性が成り立たないものであっても、バイナリー発電にすれば十分経済性が出てくるような熱源を持っている地域もあります。

また、その地域の行政の考え方も大きく影響します。技術開発を促進して産業を誘致しよう、という行政府のあるところでは、他の地域とは異なる税制や電気料金体系を構築することも可能になります。

セル内の電力需要を、セル内にある再エネの資源を使って満たすことにより、今まで電気料金として外部に資本が流出していたのに反して、セル内部にお金が還流するようになります。このメカニズムに投資をうまく組み合わせれば、地方自治体の財政再建に直接的に関わる手法を構築することができます。

我々はこれを「ルーラルエンタープライズモデル」と称していますが、地方創生に有力な手法であることが分かっています。これについては第14章で詳しく述べることにします。

このようにして、セルグリッドは地域の自主性を高める重要なインフラになっていきます。

余剰が出たら他のセルや既存グリッドにお裾分け

セル内では需要を超える発電が行われた場合、自動的に発電出力の抑制を行うような仕組みになっています。したがって蓄電池を多用するものではありません。再エネは燃料代が無料の発電機ですから、需要を超えた発電が行われる場合には、他のセルや既存グリッドにお裾分けするのが一番です。そうでなければ発電を抑制するべきでしょう。余剰電力の貯蔵のために蓄電池を使う場合、価格と寿命との兼ね合いから経済性を十分考慮しなければいけません。もちろん蓄電池が安価になってくれれば余剰電力を蓄電して、他のセルや既存のグリッドにお裾分けをすることもできるようになるかもしれません。しかし、まずは自動的な出力抑制です。

再エネのインフラが充実してきて余剰電力がたくさん出るようになった場合、近隣のセルに電力を送るため、自家発事業が独自に新しい自営線を施設することが経済性に見合ってくるものとなるでしょう。もちろん、既存の送電網を使うことも可能ですが、逆潮流の保護、電圧問題の検討、電力託送料金の負担など様々な問題が発生する可能性があります。

近隣のセルの送電ルートは複数あってもかまわず、メンテナンスのことを考えれば、地下に埋設する方式が有利になります。この際熱供給の配管なども併せて施行すれば安上がりですし、自治体が関与していれば、道路工事やガス、水道などの工事に合わせて、配電線を埋設することができます。

このようにして多数のセルがお互いに接続し合っても、非同期連系であれば電気的な問題はほとんどなく、停電や電気事故にも強い系統になります。

停電時には、いずれかのセルが生き残り、停電しているセルに電力を供給し、セル内の電源を復元するまでサポートすることができます。蓄電池はこのような事態に備えてセルの自立可能性を担保するためのバッファーに使います。

基幹電力系統が停電すれば、すべてのセルは自立運転に切り替わりますので、大規模な連鎖停電が防げるようになります。自立可能性は、再生可能エネルギーが増えれば増えるほど重要な特徴となってきます。

連鎖停電のなくなるセルグリッドシステム

現在の電力系統では、各需要家はそれぞれ基幹送電線から配電されて電力を受けていますが、この接続点にルーターを配備して、ルーターの他の端子に太陽光発電や燃料電池や蓄電池などの電源を用意すれば、最少単位のセルが構築できます。

さらに他の需要家との間の接続端子も用意して自営線で接続し合えば、基幹系統とセルグリッドの二重構造（ハイブリッド構造）が構築できます。

例えば商業団地、工業団地、住宅街、ショッピングモールなどをセルの単位とすると、その中にいるそれぞれの需要家が従来通り系統から受電するとともに、受電点に置いたルーターでお互いを接続し合う自営線を持ったりするセルが構築できます。こうすれば、系統側は最小の負担で災害にとても強い電力系統を構築できます。再エネを１００パーセント近く導入するセルも作れます。

大学、病院、工場なども従来のように一カ所で受電するのではなく、複数個所で系統から受電し、さらに構内の自営線でバックアップを図ると安価で災害に強いシステムになります。

鉄道沿線などは、この仕組みを使って、従来系統と二重化し、さらに近隣の住戸に電力を供給すれば、再エネが自分で構築できないマンション群などを再エネ化することができます。

従来の電力系統は効率的ですが、どこか1カ所に不具合が生じると、それは全系統に波及してしまいます。東京大停電などが起きると被害は計り知れません。

ハイブリッドな構造をしているセルグリッドシステムは、このような連鎖性を断ち切り、非同期に接続しているため、連鎖停電はなくなります。どこか1カ所で不具合が生じても、それはその場で影響が途絶え、すぐにバックアップされ、他の系統にも被害を及ぼすことがありません。

このハイブリッド構造は極めて頑健（ロバスト）で、電力のやりとりは柔軟（フレキシブル）で、どこかにトラブルがあっても、多様なバックアップが可能（リダンダント）な仕組みとなります。

ロバストで、フレキシブルで、リダンダントな仕組みという言葉は、実はインターネットを表現する時の重要な三要素です。詳しくは後の章で説明しますが、セルグリッドシステムの構造は電力のインターネットを構築する上で重要な構造となるのです。

進化する電力系統としてのデジタルグリッド

デジタルグリッドでは、セルグリッドが主役となり、それぞれの域内での経済性を重視した小さな市場を作り、競争原理を働かせます。そこでは様々な技術開発が促進され、さらに行政の工夫ひとつで電気料金が大幅に下がったり、税金収入が拡大したり、産業誘致が可能になったり、地域の雇用や人口の増加が見られるようになったりします。

それには、地方銀行のファイナンスの仕組みもとても重要な要素となります。本来地銀は地元密着型の投融資を行うべきなので、国の基本インフラであるエネルギーや電力に対してファイナンスする機会は今まであまり多くはありませんでした。

デジタルグリッドでは対象がセル単位になるので投資案件が増大し、地域創生につながっていきます。

再生可能エネルギーは、あらゆる地方自治体に様々な形で恵みをもたらす貴重な資源です。これを使いこなすために、デジタルグリッドの仕組みを取り入れれば、その形態は自然に拡大し変形し、大きな進化を遂げていくことでしょう。

デジタルグリッドの進化は一方で、既存の電力系統に対しても大きな変革を促します。従来の電力系統は信頼性が最も重要な因子でした。そのために、送電線は二回線で構成されるのが一般的です。

大規模停電を避けるために発電機の予備率は、実質非常に高く、停止している発電所も常に保守要員が点検を続けています。

停電を伴う工事は需要の少ない夜間、もしくは休日が当たり前でした。しかし、デジタルグリッドではセルが自立可能性を持つようになりますし、セル同士をつなぐ自営線も普及しますので、短時間の系統停電などには全く影響を受けなくなるのです。そのため、系統の部分的な停電作業は随時行われるようになります。発電所の予備率も非常に少なくなります。送電線も二重化にする必要はなく、新たな投資も少なくてすみます。系統容量は今のままで何倍にも相当することになります。

デジタルグリッドの普及に伴い、信頼性確保のために多額の投資をしてきた従来の基幹系統の役割は大きく変貌し、その責務が相当に軽減されていくことになるでしょう。

第７章　再エネが有利なセルメカニズム

再エネ増大のメカニズム

ＩＥＡ（International Energy Agency）の World Energy Outlook 2015 の Factsheet[26]によれば、「世界中のエネルギーセクターでエネルギー転換が進みつつある。最近では米国のクリーンパワープランや、中国の二酸化炭素取引スキームが２０１７年には発効する状況にある。このような政策の大きな変更を好感して、２０１４年では世界で１３０ギガワットの再エネが設置され、電力セクターでは石炭に続いて２番目に大きな新設電源となった」というのが世界の実態のようです。

このように世界が、急速に再エネにシフトしていることをきちんと受け止めれば、その転換スピードは加速し、価格は低下していくということに疑いの余地はないでしょう。

しかし、日本では再エネに対しネガティブな報道も多く見受けられます。

その理由の１つとして太陽光発電メーカーなどの大規模な倒産などがあるようです。よく知られている倒産にドイツのＱセルズや中国のサンテックパワーのケースがあります。

Ｑセルズは１９９９年にドイツで設立され、２００１年より販売を開始し、２００７年・

２００８年と2年連続で生産量第一位となりました。しかし２０１２年4月3日、ドイツにて破産申請をしました。この件は太陽光発電の終焉として報道されました。

サンテックパワーは、２００１年に中国で創業しました。２００６年には世界3位の太陽光発電メーカーになりましたが、２０１３年に倒産しました。中国系企業には珍しく技術的にも優れた会社だったので、やはり太陽光は終わりかと言われました。

両者とも太陽光発電における新規参入者との価格競争に勝てず倒産しましたが、現在、Ｑセルズは韓国の「ハンファグループ」が買収し、「ハンファＱセルズ」が設立されています。サンテックパワーは江蘇順風光電科技に買収されました。２０１４年には中国、順風光電国際グループがサンテックパワーの事業継承を行っています。

それぞれの資産を引き継いだハンファＱセルズや順風光電国際社は、広大な工場と従業員をそのまま受け継いで生産を続けています。

現在、ハンファＱセルズは世界第3位の太陽光発電メーカーに復帰し、順風光電国際社傘下のサンテックパワー部門は世界最大の太陽光発電事業者を目指して躍進中です。

両社とも一度倒産していますので、債務がなくなり価格競争力は極めて大きくなりました。半導体産業と似たところがあります。設備産業なのです。半導体と違うところは、地球環境問題に絡んで、膨大な市場拡大が予想されることです。

再エネ発電は、製品価格さえ安ければ、電気料金が安くなります。例えば、30万円／キロワットの発電設備が利用率12％で15年発電できるとすれば、あくまでも単純計算ですが、19・0円／キロワットアワーとなります。さらに価格が半減すれば、9・5円／キロワットアワーになります。

低圧託送料金が8～9円／キロワットアワーであることを考えると、自家発型の太陽光は原価ゼロの電源と競争しうるわけです。自家発型の再エネ発電設備が今後急速拡大していくことは明らかでしょう。その上に寿命が30年に延びれば4・75円／キロワットアワーとなります。

個別の企業や再エネ発電事業者の倒産は、むしろ半導体におけるムーアの法則のように、価格が低下し、市場がどんどん拡大しているということのあらわれと言えるでしょう。

セルの定義

デジタルグリッドにおける「セル」の定義は、一言で言えば、「常時系統連系していながら電気的に自立可能である」ということです。電気的に自立可能とは、電力会社からの電気が停電しても、切れ間なくセル内の電源でセル内の電力需要をまかなうことができるということです。

既存電力系統から常時切り離されて独立している独立系統という意味ではありません。電力系統とは常時連系して電力を受けながら非同期連系方式で周波数や位相の制約なく接続し電力を融通しています。再エネや蓄電池などである程度は自立が可能であっても、しばしば基幹電力系統に助けてもらう必要があります。徐々に自前の電源が充実してきて系統との接続点も多数のルーターで接続するようになり、ときには基幹電力系統に安定した電力を供給することができるようになるでしょう。仕送りを受けていた子供が、成人して自立し、親に逆に仕送りをするようになっていくようなものです。親は肩の荷が下りてとても楽になります。

途上国などでは、親の電力系統も充分行き渡っていないので、いきなり単独セルがたくさんできてくるようになるかもしれません。まるでストリートチルドレンがたくましく育っていく物語のようですね。このような形態では子供同士が連系し合う自営線による送電網が最初にでき、後から本格的な送電網が設置されてお互いにつながっていくということが起こるでしょう。途上国や新興国のセルについてはもっと後の章で説明します。しばらくは電力系統が充実した先進国におけるセルの役割と電力システムの変化について見ていきましょう。

セルの構成

セルは、自立可能なことが必要条件ですが、通常時は自立する必要はなく、ＤＧＲの端子の一つを介して既存系統と非同期につながっていて既存系統が主たる電源となっています。ＤＧＲの他の端子はセル内部の再エネや自家発電源（自家発と略します）とつながり、これらは、あくまで従たる電源になります。セル内はＤＧＲの端子を介して自営線で他の需要家のＤＧＲともつながり、さらに再エネのほか、ディーゼル発電やガスエンジン発電、燃料電池発電などの電源もつながります。

セル内の電源の方が安価な時間帯では、系統電源とセル内電源の両方を非同期に足し合わせて使います。違う種類の電気でも合わせて使えるのがＤＧＲのいいところです。

系統に停電が発生した場合、切れ目なしに自立運転に切り替えが行われることがＤＧＲの特徴になります。したがってセルの内部の電気機器やそれを使っている人たちは、外部で停電があったことすら気づきません。災害にとても強いハイブリッドな構造となります。

太陽光や燃料電池が安価になってくれば、セル内部の自家発として使うことができるようになり、自立可能な時間の経済性が向上してくれば、内部電源の出力容量を増やしていけるでしょうから、セルの自立性は長時間にわたるものになっていくでしょう。

またセルはＤＧＲと自営線を介して近隣のセルと結び合って、さらに経済性を高めていくことができます。このような成長はまるでアメーバのように、自営線を使ってお互いを結び合って成長をしていくものになります。

系統からも従来通り一需要家当たり一配電線で電力が供給されます。その上でＤＧＲを介した自営線網は需要家群をバックアップする電源ルートとして主としてガス管や上下水道管、あるいは場所によっては熱供給配管などと一緒に、地下に埋設されて普及していくでしょう。

電柱を通じて電力を供給する配電網と地下埋設の自営線網のハイブリッドなメッシュ構造になっていきます。自営線網には多様な再エネ電源が接続し電力を供給します。

需要家は系統から電力を購入することも、自営網から購入することもでき、選択肢が広がるだけではなく、非常時の信頼性も高めることができます。

さらにこのハイブリッド構造は再エネの変動を基幹系統に伝えません。これにより基幹系統の負担は大きく軽減されます。需要を超える発電があったときにはセル内で自動的に出力抑制するようにも構成できます。

このような特徴から、セルシステムは再エネ大量導入を可能にする現実的な電力システムになるでしょう。

セルの大きさのイメージ

それではセルの最初の単位というのはどういうものでしょう。なかなかイメージできないのではないでしょうか。

セルの大きさを取り扱う電力の規模で表現してみましょう。

[5キロワット]

いちばん小さなものは家庭用のセルと考えて良いでしょう。家庭の契約電力は通常アンペアで表現されます。皆さんのお宅の分電盤にブレーカーが付いているでしょう。そこには、50アンペアとか60アンペアとかの数値が書いてあると思います。家庭の電圧は100ボルトですので、50アンペアのブレーカーであれば使用電力は５キロワットになります（実は２００ボルトも同時に供給していますが、ここでは１００ボルトだけ記載します）。

このブレーカーの代わりにＤＧＲをつけて配電線との間を非同期接続します。ルーターの他の端子には太陽光パネルを直接接続することができます。パワーコンディショナーはルーターが代替します。蓄電池が安価になれば別の端子に蓄電池をつけることができます。燃料電池や電気自動車の充電装置も接続できるようになります。

考えてみれば、太陽光用のパワーコンディショナー、蓄電池用の充放電器、燃料電池用のインバーター、電気自動車用のインバーターなど別々に購入せずに、ひとつにまとめられたらいいですよね。それがＤＧＲです。

今までの太陽光発電装置や燃料電池は、系統停電時には、自動的に停止します。系統の電圧を参照して運転しているので、停電で参照電圧がなくなると停止せざるを得ないのです。

家庭をセル化すれば、停電が起こっても自動的に自立運転に切り替わり、家の中は何事もなかったかのように自前の発電設備で電気を供給し続けることができます。

通常時は電力会社の電気も太陽光の電気も燃料電池の電気もあわせて安い順に使っていくということができます。

［50キロワット］

日本では50キロワット以下の契約電力の場合、供給電圧が低いという意味で「低圧」という区分けをして、100ボルト2回路（200ボルト）の供給をしています。

50キロワット以下の契約というのはどのような需要家かというと、家庭やコンビニや小規模店舗、事務所などや農業用になります。契約口数は十電力の合計で、2010年断面でおよそ8300万口（くち）あります。その内訳は東京電力では2870万口、関西電力で1350万口、中部電力で1050万口ですが、少ない方では四国電力284万口、北陸電力209万口、沖縄電力84万口となり、電力間で10倍程度の開きがあります[27]。

50キロワットを超えると、電力会社の契約約款により、電圧の高い「高圧」契約に切り替えなくてはいけません。高圧は6000ボルトという高い電圧で供給されます。この電圧で動く家電製品はありません。これを100ボルトの低圧に下げるための高圧受電盤という設備を設置する必要があります。またそのためのスペースも確保しなければなりません。これらは小規模の商業施設等にとっては、大変大きな負担です。金額的にも数百万円の費用が必要になります。

したがって、小規模店舗はできるだけ50キロワットを超えないような設備設計にせざるを得ません。この制約が小規模店舗の内装設備や調理設備、貯蔵設備などを拡大する際の見えない壁になって彼らの経済的成長や事業機会をうばっている可能性もあります。

そこで各店舗が50キロワットを超えないように、店舗間を自営線で接続し、太陽光発電などを共有し、ピークを超えそうな店舗に電気を融通してあげれば、系統からの電気と自営線からの電気で50キロワット以上使用することが可能になります。各店舗のピーク時は必ずしも重なりませんので、皆が低圧受電のままで大きな電力を使うことが可能になります。

また、電力会社から見ても高圧配電線を新しく設置したり配電網の電圧の検討をしたりといった作業をしなくても済むようになりますので、それなりにメリットがあります。

これが50キロワットクラスのセルの姿になるだろうと思います。

小規模店舗は何軒も軒を連ねているケースやショッピングモールなどに、他の大型店舗と一緒に出店しているケースも多いでしょう。共同で電力を受電したり、店舗間で融通しあったりすることは電力会社にも需要家側にも大変大きなメリットが生まれると考えられます。

さらに1店舗では導入できないような太陽光発電・燃料電池・蓄電池といった設備も複数の事業者で協力して設置したり、あるいは専門の自家発事業者に委託して設置してもらえば、初期投資の負担が減ります。

共同自家発保有セルは、実現性の高い産業活性化政策となるはずです。この方法が再生可能エネルギーを導入するには最も適したやり方となるはずです。

電力会社の現状の供給約款ではそれが許されていません。しかし、両者にメリットがあることがはっきりしてくれれば改定されるでしょう。

［500キロワット］

このサイズは、高圧小口と呼ばれ、小規模な工場や小規模なビルの電力需要の大きさになります。このサイズの工場やビルは、工業団地や商業団地の形で存在していることが多く、前述した50キロワットのケースと似ています。

ただ、電気料金の決まり方には注意を要する必要があります。高圧電気料金は実量制というもので、契約電力が決定されます。これは30分単位の電力使用量が1ヵ月間で最も大きくなった所を最大使用電力とし、過去12ヵ月間の最大値が契約電力になるというものです。大抵の場合、真夏に最大電力を記録してしまい、それ以降はその電力が契約電力になって12ヵ月間の基本料金が高止まりしてしまいます。各需要家ともこの最大電力を下げるために、夏場に節電をするなど、いろいろ工夫をしますが、一度メーターに記録が残るとその後1年間は、ずっと高い基本料金を払わざるを得ません。

このようなケースでも自営線を使ったセル構造をとれば、他の工場やオフィスとピークを分散して基本料金を下げることが可能になります。

また、停電にも強いセルになります。

燃料調達に強みを持つ会社などが参画すれば、安価な発電を共有することも可能になります。自社工場では、屋根の上に太陽光をつけられない場合でも、他の工場が設置し、それを電気として流通してもらうことも可能になります。

工業団地などの中では、このような自営線セルは大変効力を発揮し再エネ導入拡大にも大いに役立つものと思われます。現在は、運用上、一需要家一受電に限定されており、複数の需要家を結びつけるということについては制限があります。しかし、非同期連系のメリットが認識されれば、この形のセルは大いに普及するでしょう。

【2000キロワット】

このサイズの需要家は、建物が何棟もある大きな工場になるでしょう。大学のキャンパスや大きなデパート等もこのサイズになると思います。

需要が2000キロワットを超えると、「特別高圧」という電圧階級に上がり、送電線、鉄塔、変圧器、受電設備、配電設備など大変高価な設備を用意しなくてはなりません。これは需要家の負担になるので避けたいというのが一般的です。

そこでぎりぎりこれを超えないように設備を運用したり、設備投資を抑制したりすることになりがちです。このために事業拡大を抑えるというのは本末転倒ですが、よく起こりがちな話です。

電力需要が大きくなっても受電箇所が1カ所に限定されるというのは、信頼性の面から見ても設備の効率性から見てもあまり合理的とは思えません。特別高圧1受電点では、停電が起これば工場内全ての設備が停止してしまいます。

電力会社が1需要家1受電点と言っているのは、あくまでも供給者側の論理です。需要家側から見れば、特別高圧ではなく、高圧受電ですむならその方がよく、複数の需要箇所で非同期に受電し、消費し、過不足分を工場内で融通し合うのが好ましいのです。

多重受電であれば生き残るところがあり、ルーターを使って他の建屋に最低限の電気を供給することもできます。停電時や災害時の電源の信頼性が非常に高い仕組みになります。

今までは電力会社が供給責任を負っていましたので、工場内に自家発を持つと、その分電力需要が減るのではなく、その分電力需要が増えたと考えて契約電力を上げることになっていました。

ちょっとわかりにくいかもしれませんが、例えば2000キロワットの電力需要の工場に500キロワットの自家発を設置した場合、工場内の電気設備は徐々に拡張して2500キロワット相当のものを設置するようになるだろう、というのが電力会社の考え方です。そしてもし自家発電設備が停止すれば電力会社は2500キロワットを供給しなければなりません。その際に高圧受電のままだと送電線が電圧低下し供給できなくなってしまうので、自家発電設備500キロワットを設けたときには、2500キロワットの契約に上げ、特別高圧受電に変更するように指導する、ということになるのです。

工場側の電気設備担当者としてはまったくの思惑違いになってしまいますね。2000キロワットの工場に500キロワットの自家発電設備を入れれば、1500キロワットの契約で良いと勘違いしていました。どちらの理屈も一理あるのですが、今までのルールでは2500キロワットの契約になってしまうのです。

電力会社が全責任を負う時代はもう過ぎてしまいましたので、もし2000キロワットを超えたら停電させればよいのではないかという考え方もありますが、実運用面では難しく、停止させるための設備も新たに必要になります。

このサイズの需要家がセル化すると大きなメリットが得られます。

第一に特別高圧受電に切り替える必要がなくなります。

第二に、複数箇所で高圧受電することができます。セル化することで、他の系統からも受電することができるようになりますので、2000キロワットと1000キロワットの2カ所高圧受電ということも可能になるでしょう。

第三に、複数台の自家発を異なる場所に設置することができるようになるでしょう。例えば工場に新しい建屋を作り、そこで1000キロワット必要になれば、自家発電設備を1000キロワット分用意して新しい建屋に供給します。以前の建屋との間をルーターで接続して過不足分を融通しあえば合計3000キロワットの工場に生まれ変わります。しかも特別高圧にする必要はありません。

このようなことは電力会社にとっても新しいビジネスの可能性を秘めています。おそらく、特別高圧を延長するよりも安価になるでしょう。保守費用も格段に下がるでしょう。

[5万キロワット]

1需要家でこのサイズになると非常に大きくなります。例えば東京大学の本郷キャンパスは最大電力が4万キロワットを超えています。1需要家としては東京都の中でも最大級でしょう。

このクラスでも一点受電しているわけですから、例えば数万人単位の市町村が、まとまって受電点以降をセル化し、行政が配電網を譲り受け、メンテナンスを電力会社に委託する、というような考え方も出てくるようになると思われます。

「自治体保有配電網」というようなことが実現すると、その地域特有の再エネを公共財として財政的にも規制面でも支援し、住民に対する新たなエネルギーサービスを提供することも可能になるでしょう。このような例は海外にはたくさんあります。

DGRで接続点を区分し、非同期に連系すれば、必ずしも物理的に1カ所で特別高圧で受電する必要はありません。デジタルグリッドの場合は、多点多重受電が原則ですから電圧階級も高圧のままで、複数箇所で多重受電していく方が効率的です。

複数箇所でルーター接続すれば、非常時の信頼性も高まりますし系統側から見ても再エネの変動が抑えられますので、両者にとってWin‐Winの関係になると思われます。

電力会社にしてみれば、配電網を自治体に売却して資産のオフバランス化を行い、運転保守を受託することで社員の雇用を確保する、というような考え方も出てくると思われます。

総括原価主義の名残にとらわれていると、このような考え方は理解しがたいものとなるでしょうが、世界の電力会社のたどっている道筋は、よく見ると発電設備資産（アセット）保有による電気事業というビジネスと、アセットをオフバランスして、その利用によるサービス事業を行うというビジネスに分化してきているのです。

[50万キロワット]

このサイズは、人口数十万人の規模の市とか県とかの行政規模になるでしょう。このサイズが独立したセルになるということは全くイメージができないでしょう。しかし再エネが大量に導入されてくると、そのようなことが起こります。

需要規模が50万キロワットであればルーター接続箇所はおよそ1割程度の5万キロワットあればいいでしょう。セルの内部には50万キロワットの火力やバイオ燃料の発電機が必要になるでしょう。それ以外に太陽光数十万キロワット、風力数十万キロワットというような規模のセルになると思われます。

通常は自分たちの電源でほとんど自給自足ができる電力系統になります。このセルが経済性を満たすためには様々な条件があります。最も重要なのは行政のサポートです。むしろ行政の積極的な姿勢が重要でしょう。

外国では通常の電力会社がプライベートユーティリティーと呼ばれ、市や町などの運営する電力会社がパブリックユーティリティーと呼ばれています。自治体が電力を供給するというのは意外に一般的な姿なのです。

自治体が保有する水力発電所は全国で約２４０万キロワットあります。これらはすべて電力会社に極めて安価で売電されています。これらを自前の電源にするという考え方も出てくるでしょう。火力発電所もインフラ部分は自治体が整備することになるでしょう。ちょうど自治体が道路を整備するのと同じことになります。

風力、太陽光は燃料コストがかかりませんから、インフラとして自治体が整備すれば非常に安価な電源になります。

50万キロワットの電力需要が再エネを中心にまかなわれるとすれば、長期的な経済性は非常に高いものとなります。再エネが発電するときは燃料が不要ですから、インフラ部分のコストを需要家から電気基本料金として回収するか、あるいはセル内の法人や個人からの税金の一部として回収するかは自治体の裁量となります。

需要家としては今までも電力会社に電気料金を払ってきたわけですから、自治体に払う形になってもほとんど同じです。インフラをこのようにして長期で回収していけば、燃料代相当の従量料金は相当下げることができるようになります。

送電線や配電網を利用する代金である託送料金も大幅に削減されます。

電気料金の値付けは自治体の裁量になり、電気代が安い自治体には企業がこぞって立地することになります。そうすれば雇用も拡大し、人口も増加し、付随した産業が拡大し、自治体の財政が潤うことになります。地方銀行の金融面での協力も重要な要素となります。

[500万キロワット]

話が大きくなりすぎだと思う人もいるでしょう。しかし、500万キロワットクラスのセルは既に存在しています。北海道です。北海道全体がひとつのセルになっています。北海道電力の需要規模は約500万キロワットで、本州と直流連系されています。海底直流ケーブルをはさんで、直流／交流変換所が、それぞれ本州側と北海道側にあります。つまり、本州と北海道が非同期連系されているのです。北海道と本州の連系なので、「北本連系線」と呼んでいます。

電力変換所の設備容量は約60万キロワットです。

この連系線は、常時は使われていません。緊急時用なのです。

北海道というセルは、本州と1割程度の電力需要分を非同期連系しながら、基本的には、自社電力管内で自分の発電機を使って自分の需要をすべてまかなう自立運転をしているわけです。

北電管内では風力発電所は、まだ30万キロワットレベルしかありませんが、太陽光等風力を合わせた連系可能量は173万キロワットと算出されています[28]。

この計算は、原子力が175万キロワット動いているという条件での検討です。仮にこの分も再エネでまかなうとした場合、350万キロワットが再エネになる可能性があるということです。これは北海道の需要規模の70％にもなります。

もちろん、太陽光や風力による発電が十分でないときのことを考えなければいけません。その時には直流連系線の活用や揚水発電所の活用、さらには火力発電所の運転により電力を供給しなければばいけません。

また、北陸電力管内や四国電力管内もほぼ同じ500万キロワットのサイズです。北陸電力は中部電力との間で南福光変電所を通じてBTB接続を行っています。四国電力と関西電力の間は阿南紀北直流幹線で140万キロワットの直流送電を行っています。

このような500万キロワットクラスの電力系統を安定に維持するためには、直流を介在した非同期連系が重要であるということが言えるでしょう[29]。

東日本大震災以降42基の原子力発電所のほとんどが運転していない状態で、需要が満たされているということは、火力発電所の設備が十分な量あるということです。ここに再エネが大量導入されれば、火力発電所の燃料削減効果は非常に大きいと言えるでしょう。設備は運転しない分だけ長持ちしますので、再エネ中心のセルは十分経済性の高いものとなるでしょう。また第4章でも述べましたが、揚水発電所は42地点2700万キロワットにも上ります。現在はほとんど利用されない緊急用の電源となっていますが、この活用は再エネ大量導入において非常に重要な要素となるでしょう。

それ以外の地域でも、県単位くらいの大きさでセル化を行うことができます。

その際は一カ所を非同期連系するのではなく、複数箇所を他の県との間で非同期連系するとよいでしょう。電気事業法が北本連系のような仕組みを拡大して容認する方向に向かうことが重要です。

このようにして複数箇所非同期連系による県単位の大規模系統のセル化を進めれば、日本で再エネが中心となる社会を構築できるでしょう。

ショッピングモールがエネルギー産出センターに

セルモデルの特徴は、計画経済型ではないところにあります。

もともと、電力システムは、中小規模の電力会社が地域に電力を供給するところから始まりました。それが巨大化していき、国家が規制するようになり、電源計画や営業地域などのコントロールをするようになったのです。

民主主義国家の中のシステムにもかかわらず、社会主義的運営が行われてきました。これは世界中で同様の仕組みとなっています。

デジタルグリッドは、電力システムが、自由経済型に移行するプロセスです。いきなり大きな系統ができるのではなく、小ぶりのセルから始まるでしょう。

たとえばショッピングモールはその典型的な例でしょう。モールでは各店舗が個別の需要家として電力会社と契約し、別々に受電しています。

それぞれの配電設備にDGRを置き、電力融通端子を自営線で結び、電力を融通しあうだけで、各需要家の契約電力を下げることができます。

共用で太陽光発電を行い、セル内に供給すれば託送料金を払わずに再エネ電力を安価に受電できます。

多くの需要家がいれば、一軒の需要家ではもてあました電源でも使いこなせるでしょう。また、スペースや金額の問題で一軒の需要家では投資できないような電源設備も共同で持つことができるようになります。

このようなショッピングモールは近隣に住宅街を抱えています。モールがエネルギーセンターになって近隣住宅に電力を供給すれば安定的な収入を確保できます。もちろん近隣住宅は電力会社からも受電していますのでルーターで多重受電をすることになります。

近隣住宅の屋根を借りて太陽光発電の余剰電力を購入することも可能でしょう。この場合、電気料金の支払いに加えて商品クーポンを配るとか新種のサービスも考えられ、新たな顧客サービスが生まれてくるでしょう。

もちろんショッピングモールというのはひとつの例であって、他にも似たようなケースはいろいろ考えることができます。例えば、大きな病院あるいは大学のキャンパスあるいは工業団地など例をあげればきりがありません。

田舎の村や集落、あるいは小規模な地方自治体などは充分小さなセルとなってショッピングモールのようなエネルギー産出センターとして、その地方特有の電源を生産物にするということが起こってくるでしょう。そういったところでは地熱発電や風力発電、水力発電、バイオ発電、潮流発電など、その地域に特徴的なエネルギーソースがあると思われます。このようにして、様々なエネルギー産出センターが日本中に作られていくであろうと思われます。

日本の地方があたかも小さな産油国になったようなものです。

ガスの自由化がもたらす第二の発電

2017年は、電力に続いてガスの自由化が始まります。

ガスの自由化は電力よりインパクトがあるのではないかと言われています。

ガス供給網やパイプラインは天然の貯蔵装置なので、電力のような瞬時の同時同量制約はありません。もちろん、ガス供給配管の圧力上昇という問題はありますが、電力よりは制限が厳しくありません。

ガス発電や燃料電池発電がショッピングモールなどのセルの中におかれると、大変大きなインパクトがあります。まず再エネだけでは不安定だった電源が安定化されます。再エネ主体の自立分散型のセルなど夢物語だと思っていた人も、認識を改めることになるでしょう。また、複数の需要家のベースロードを安定的に供給することにより、きわめて低価格の発電源となります。セルの内側の電源ですので託送料金が不要となり、競争力が高まります。需要家に対してはガス管でエネルギーを分配供給して供給先で発電するのも可能です。

またどこか1カ所で、大型発電機により電気と熱をつくり、電線で電気エネルギーを供給し、併せて熱配管で熱エネルギーを供給するのも可能です。

再エネを使えば、ガスの使用量を削減できます。

ガスを使った燃料電池は固体電解質型（ＳＯＦＣ）のものが商品化されており、その熱効率は電気と熱を合わせて90パーセント近くになっています。消費するガスの熱量を１００パーセントとした場合、55パーセントが電気に変換され、35パーセントが熱になります。熱まで利用できれば、90パーセントのエネルギー効率があるというのはすごいインパクトです。最近では熱を使って冷房することもできます。これは、吸収式の冷凍機で実現できますので熱の有効利用については真剣に検討すべきテーマとなります。

従来の大型のガス複合サイクル発電所では、発電効率は55パーセントくらいになるものもありますが、電気に変換されない約45パーセントのエネルギーが大気や海水中に無駄に放出されていました。それを考えると、無駄な放出が10パーセントしかない小型の燃料電池発電機が日本のエネルギー問題にとってどれほどのインパクトを与えるかよく分かります。オンサイト型の燃料電池は従来５％ほどあった送電ロスもなくなります。

まだまだ経済性は十分なレベルに達していませんが、その特性からみて急速に燃料電池が普及することは間違いないでしょう。

再エネが有利なセルメカニズム

従来の電力系統と非同期に連系しているセルは、再エネの普及に非常に有利な構造を持っています。

セルの中で起こる再エネの出力変動は、やはり同じセルの中にある需要家の消費の変動との差し引きが起こり、全体としての変動の緩和が見られます。またセル内にある様々な安定型の電源設備は再エネと調和して変動を緩和することができます。さらに、電力系統と非同期に連系するＤＧＲは電気的制約を解放し、セル内の電力変動を系統には伝えません。

したがって、セル内でどのような再エネが普及しようとも系統側から出力抑制を要請する必要はなくなるのです。

従来型のメカニズムで再エネの出力抑制が必要になるのは、その電力管内の需要に対して、太陽光と風力発電が発電し過ぎてしまうことが頻繁に起こるからです。いわゆる下げ代不足です。

この結果、太陽光発電については年間３６０時間まで、風力発電については年間７２０時間まで出力が停止されて電気料金収入がなくなる可能性を織り込んでビジネスモデルを構築する必要が出てきました。

またそのための遠隔出力抑制制御システムの導入が義務付けられるようになりました。これも再エネ発電事業者の負担になります。これが義務付けられたのは北海道電力、東北電力、北陸電力、中国電力、四国電力、九州電力、沖縄電力の7つの電力会社になります。これらの会社の再エネの接続可能量については詳細な計算書がホームページに出ています。興味のある方はそれをご覧になると良いでしょう[30]。前提条件の考え方をちょっと変えるだけで下げ代不足が解消する可能性があることに気付くでしょう。

再エネ発電事業者にとっては、年間8760時間中、約1割の時間が発電できなくなる可能性が生まれたのですから死活問題です。さらにある再エネ事業者は発電できて、ある再エネ事業者は発電できない、というような不公平に見える事態が頻繁に起こります。一方で、電力会社が保有する発電機は連続で運転できるということになると、本来の発電事業と送配電事業の分離といった根本の問題にも関わってきて、ますます不透明性を拡大します。

これは系統を安定に制御することのできる従来型の発電設備と、再エネのように不安定な発電設備を同列に議論しているから起こることなのです。電力会社の言い分も再エネ事業者の言い分も正しいのですから、議論は平行線をたどることになるでしょう。

デジタルグリッドでは、再エネはすべてセルの中に包含されます。すなわち需要の一部になってしまいます。ですから、遠隔で信号を送って出力抑制する必要はありません。セル内で自動的に出力抑制されます。

需要家の自家発設備としての再エネが普及することになります。メガソーラー、大規模ウィンドファームというような巨大な再エネ設備は送電線の増強が必要になるのでコスト競争力が低下します。分散型の太陽光発電、数十キロワットクラスのミニ風力などが普及することになると思います。セル内の電力が不足するときは、系統が供給します。今まで供給していたのですから増強は不要です。系統側とセル側がお互いに補完し合いながら、最適な経済的バランスが生み出されていきます。

再エネの変動がセルの入り口で抑制されることは電力系統にとっても良いことです。周波数問題、電圧上昇問題などもＤＧＲで制御されます。このようにして、デジタルグリッドセルは再エネにとって有利な仕組みとなっていきます。

再エネの投資回収メカニズム

再エネの投資回収メカニズムは、再エネの普及度合いによって大きく変わります。再エネがどのような普及段階にあるのかを無視して、その投資回収メカニズムを議論すると混乱に至ります。ここでは初期導入段階、普及段階、成熟段階の３つに分けて説明したいと思います。

区別をしやすくするために初期導入段階を再エネ１・０、普及段階を再エネ２・０、普及段階途中の抑制段階を再エネ２・５、そして成熟段階を再エネ３・０と表現することにしましょう。

初期導入段階（再エネ1・0）

初期導入段階は補助政策が重要です。

日本ではもうこの段階は過ぎましたが、再エネが広まり始める時期にはさまざまな補助政策が有効でありかつ必要です。再エネの産業の裾野は広いため、関連する人材の育成が欠かせません。たとえば住宅用の太陽光発電を例に取ると、もちろん太陽光パネルメーカーは重要なプレイヤーですが、その他に営業マン、工事業者、輸送業者、電力会社対応窓口など多くの人がかかわります。

導入初期段階では、これらの人々は、まだ再エネの事業のやり方がよく分かりません。このような新しいリスキーなビジネスに参入するかどうか大いに迷う段階です。しかし、こういった人々がたくさんいなければ、実務がこなせません。これらの人々を事業参入させるには、国の明確な推進方針と国家的な補助政策を一定期間にわたって明示することが重要です。

日本では、長らく設備補助（設備代に対し一定の割合の金額を補助する）を行い、その結果世界で一番太陽光導入が進みました。

その後、電力会社に買い取りを義務付けるＲＰＳ制度（電力会社の規模に応じて一定の割合の再エネを購入する）というものを導入し、同時に設備補助制度を縮小しました。ＲＰＳ制度は電力会社が相手でしたので、買い取り量があまり大きく設定できず、年度繰り越しも認めたため、あまりうまく機能せず、太陽光導入量は伸び悩みました。

そこで政府は２０１２年よりＦＩＴ制度（固定価格買い取り）を導入しました。買い取り価格も高めに設定されたためか、日本は太陽光設置量で世界第3位に返り咲きました。

すでに見てきましたように、導入後わずか2年で７０００万キロワット、日本の最大需要の40パーセント程度もの申請がなされるほど、事業者が意欲的に参入しました。

現在太陽光の設置量は約2500万キロワットです。太陽光については、初期導入段階は補助制度でうまくいったと言えるでしょう。

風力発電は大規模なものについては、補助制度の段階は過ぎていると言えるでしょうが、導入量が他国と比べるとかなり少ないため、もうしばらく積極的に補助政策を取らないと次の段階の仕組みにうまくつながっていくことができないでしょう。

ミニ風力は極めて重要な技術開発テーマだと考えられます。欧州では大型の風力発電が主流ですが、日本の系統や風況を考えた場合、ミニ風力発電は極めて重要です。また、技術開発要素も非常に多いのです。風車の羽根の特殊コーティングや発電機の軽量化等により風速の低いところでも、発電が可能になれば大きなブレークスルーとなります。騒音対策や振動対策など難問が多いだけに技術開発投資の効果が高い分野と言えます。

バイオ発電は日本にとっては、農林水産行政と絡めて関係省庁が協力して解決すべき問題です。領土の8割が森林地帯と言われる日本において、バイオ発電が普及しないのは、政治的な解決能力の問題と言われかねません。従来のバイオ発電は、大型の物を目指していましたが、デジタルグリッドでは小型の発電機が有利になります。

小水力発電は、水利権の問題と密接に絡み合い、推進の難しい発電方式です。これも農林水産行政と政治家、関係省庁が解決すべき課題が山積です。しかし、農業用水路などを用いた小水力発電の技術開発は、大いに進んできています。

ミニ風力、バイオ発電、小水力発電、地熱発電といった再エネはまだまだ補助制度の果たす役割が大きい分野です。

太陽光については、日本ではこの初期導入段階は、ほぼうまくクリアして、たくさんの事業参入者が出現したと言って良いでしょう。

次の段階は普及段階です。

普及段階（再エネ2・0）

普及段階では、ビジネスベースでの投資回収が重要です。

ＦＩＴの価格設定を徐々に下げていくことで初期導入段階を終了させていくのと相まって、すでに参入した事業者たちをビジネスベースに誘導する必要があります。それには規制緩和及び関連する法律の整備がとても重要です。

ＦＩＴで適応した仕組みは電力会社の送配電網に事業者の発電設備を接続して、電力会社にＦＩＴの設定料金で全量買い取ってもらうというものでした。

しかしＦＩＴがなくなりビジネスベースとなれば、顧客は電力会社ではなく、直接の消費者にシフトします。営業マンが設置の交渉をし、設備を買い取ってもらう相手が電力会社という大きな組織から、工業団地組合とかマンション管理組合とかコンビニチェーンとかのビジネスベースの消費者に変わるわけです。ショッピングモール、大病院、大学、鉄道会社、大型団地、商業団地、駅前のモール、植物工場、生産工場、小規模な町、集落など対象顧客は枚挙にいとまがありません。中小規模の発電設備が顧客の保有する敷地や屋根に設置されて自家発として普及していくプロセスに入ります。

現在の法制度では、電気主任技術者や様々な届け出など、この普及を阻害する規制が数多くありますが、すでに技術は、革新的な段階に進んでいるわけですから、このような法規制の緩和も急速に進められなければなりません。これを速やかに行うことによって、初期導入段階の補助政策から普及段階のビジネスベースにスムーズに移行することができます。

再エネの中でも太陽光発電と風力発電については燃料代相当費用がただであるという特徴がありますます。燃料代のかかるものを「限界費用」がかかると表現しますが、なじみのない言葉は本書では避け、「燃料代相当費用」と表現することにします。

再エネのうち燃料代相当費用のかかる電源であるバイオ、小水力、地熱などは、燃料に相当するエネルギー源が特殊な場所にあります。山奥などにあるので既存の送電系統に持っていくまで自分で電線を設置しなくてはなりません。

そのうえで既存の送電系統の使用料、いわゆる「託送料金」も払わなくてはいけません。一方、需要家の近傍で発電し、直接需要家に供給できれば託送料金は不要となります。単独需要家では需要が不足している場合は複数の需要家に同時に接続できれば、既存の送電系統に接続するのと同等の費用で済むでしょう。これで託送料金は不要となります。

このようにして、自営線による直接接続系統を既存の配電系統に非同期接続にした二重供給系統になるのが、自営線によるセルモデルです。

セルには、送配電網から複数のポイントでＤＧＲを介して電力供給が行われます。一方セル内の再エネや自家発も複数のポイントで自営線を経由し、ＤＧＲを介して電力供給が行われます。需要家群はその両方からダブル受電するような形になります。

国がこのような自営セル電力網を促進する補助制度を構築すれば、地方の再エネは大いに促進されます。しかもバイオ、小水力、地熱などは設備利用率が70～80パーセント近くありますから、変動の多い太陽光や風力と違ってベース電源となりえます。

こんなことを促進すると電力会社が困ってしまうではないかという声が聞こえてきそうです。しかし、実はそうならないことを様々な歴史が証明しています。詳細には後の章で述べますが、地方活性化や、電力を使った新しい産業の増大によって電力需要は数倍から数十倍へと急拡大していき、電力会社のビジネスも大いに成長していきます。例えば、「燃料代相当費用ゼロ」の電源で「合成液体燃料」を作ったらすぐに数倍の市場が生まれます。夢のようですが、すでによく知られた水素に限らず、メタノールやジメチルエーテル（ＤＭＥ）などの潜在力を秘めた合成燃料が誕生しています。電気代さえ低下すれば、経済性が成り立つのです。

世の中では、省エネがとても大事というふうに認識されていますが、それは化石燃料を使っているからです。再エネ電源ならどんどん使う方が、その分化石燃料使用が減って地球温暖化を緩和します。電力事業はサービス業ですから、顧客が便利に電気を使って快適な生活を送り、電気需要が拡大するのが望ましいはずです。

省エネは電気需要を縮小する、すなわち販売電力量を低下させ、売り上げを落とすということですから、普通に考えるとビジネスが縮小してしまいます。

再エネ電源なら効率も関係ありません。化石燃料を消費する場合は、効率が悪いということは、燃料をより多く消費することになるので、価格が上がり、環境面でも問題を悪化させてしまいます。しかし、再エネなら燃料代がただの太陽エネルギーですから、効率が悪くても、価格が上がるわけでもなく、環境面で問題が起こるわけではありません。

再エネのうち、燃料代相当費用のない電源、すなわち太陽光と風力の設備利用率は10~30パーセント台ですから従来型の送電系統を使って電力を送るのはまったく採算に合いません。なぜなら同じエネルギーを送るのに設備利用率が低いと、ピークに合わせてより容量の大きい送電設備を用意しなくてはならないからです。

燃料代相当費用が消費地に降り注いでいるのですから、既存の送電系統を使わないというのが正しい答えです。顧客に直接発電設備を置き、需要家に直接供給し、余剰分は自営線で共有していくというモデルになるでしょう。

既存の電力系統と自営線による電力系統は非同期に接続し合い、電力を融通し合って、災害に強く、電力の流れを柔軟に運用できる電力システムとなっていきます。

地方で産出する再エネを地方の消費者で使い切る。すなわち、この段階のビジネスモデルは、一言で言うと「地産地消」です。

抑制段階（再エネ2・5）

再エネ2・0で成熟段階に近づくと、再エネ設備が増えすぎて、出力抑制が頻繁に起こり始めます。こうなると従来のビジネスベースでの投資回収ということが困難になります。どの事業者がいつどのくらい出力抑制させられるかは不透明にならざるを得ません。いくら説明を受けても電力制約というものの複雑さは電力会社自身にもよくわからないところがあるのです。

電力会社は、それぞれの地域で個別に需給バランスを取ろうと考えていますので、あたかも一つ一つの電力管内が自給自足するような考え方をとっています。これは、あたかも各電力管内がそれぞれ1つずつセルになっているような考え方です。

再エネの発電電力量が、全電力消費量の20～30パーセントくらいになると、短時間の電力で見ると100パーセント近く再エネで需要をまかなうという事態が起き始めます。

さらには需要に対する比率が100パーセントを超えれば、他電力会社の系統に逆潮流するという事態が頻繁に起こりかねません。

経済産業省の系統ワーキンググループの試算[31]の中の資料9「再生可能エネルギーの接続可能料

電力各社再エネ設備接続可能量（万キロワット）

	風力発電	太陽光発電	需要に対する比率	抑制
北海道電力	56	117	56%	75
東北電力	300	552	95%	270
北陸電力	45	70	46%	41
中国電力	100	558	119%	166
四国電力	60	219	105%	74
九州電力	100	817	116%	219
沖縄電力	3	36	56%	4
合計	664	2369	―	849

の算定方法」では、７つの電力会社が再エネの接続可能量を上の表のように算出しています。

風力664万キロワットと太陽光2369万キロワットを合わせれば、およそ3033万キロワットが系統に接続可能だということになります。しかし、同時に需要が低下するゴールデンウィークのあたりでは849万キロワットの出力を抑制する必要が出てきます。それが上の表の抑制の合計849万キロワットの意味するところです。原子力発電所で言えば8基程度が突然停止させられるということです。これは、風力や太陽光の30パーセントほどの設備に当たります。

どの事業者のどの発電設備が停止させられるか分かりません。透明なルール作りは大変難しいと思われます。いつ停止させられるか、どの程度停止させられるのか不透明になってきます。次第にこのようなビジネスは魅力が失せていきます。

しかし、設備容量3033万キロワットは、最大需要

1億6000万キロワットに対して20パーセントにもなりません。この程度が上限のはずはありません。もっともっと導入できるはずです。では、どのようなビジネスモデルに転換すれば良いのでしょう?

インフラ化する再エネ

次の段階は公共インフラ投資という考え方にシフトしてくるのだろうと思います。

もっともこの段階に入るのはまだまだ先のことですので、直近のモデルと混同しないようにしてください。当面は再エネ2・0で進んでいくはずです。

成熟段階(再エネ3・0)

再エネの普及が成熟段階、すなわち再エネ3・0に入ると、急速にビジネスから公共インフラという性格にシフトしていくでしょう。再エネは都市計画の一部になっていくでしょう。一事業者や、一発電設備の投資回収という視点から、地域全体の成長のための投資回収という視点にシフトして行くのです。

その前提として、再エネ2・0で再エネ関連の価格が十分に低下していることが重要です。さらに地元の工事業者や設備業者、事業者や設備機器などが充足していることが必要です。

十分価格が下がれば、「再エネ整備計画」は、道路整備計画や河川整備計画などと同様に地方自治体の重要な事業になっていくでしょう。

必ずしも地方自治体が実施主体となるとは限らず、インフラファンドのようなビジネス形態で進められるかもしれません。しかしそれも含めて公共インフラ的な色合いが濃くなってくるでしょう。自治体は他の道路、上下水道、ガス管などの設置工事計画も熟知していますから、それらと合わせて埋設電線で送配電線を設置すれば、安価で長期間保守費用のあまりかからない配電網が構築できます。

埋設電線というと工事費が高いのではと思われがちですが、再エネ3・0では架空電線より安価になります。その秘密は自治体が絡んでいるということです。

自治体は、さまざまな工事で道路を掘り返したり、埋め戻したりということを行っています。自治体と協調して埋設配管や側溝、あるいは暗渠などを併設して行くと工事費負担が小さくなります。

スペインのエスタバネル・エネルギアという電力会社では、市と協力関係にあり、条例等も作ってもらって大変安価に需要家の地下やスペースを使わせてもらっているそうです。彼らの言によると、「架空線は重量があり、街路樹接触による事故、揺れ等による損傷も大きく、保守費が意外にかかるが、埋設電線は無保守で100年近く使用できる。むしろ安価につく。」そうです。

自治体が主役になれば、上下水道のインフラのようにエネルギーも自治体が安価で供給するというものになるでしょう。

自治体ごとにエネルギー単価が変わってきます。その土地その土地ごとに豊富な再生可能エネルギー源というものは異なります。これが地方自治体の競争力を生み出します。安価なエネルギーを基盤として、豊富な水、完備された下水処理やごみ処理などの自治体のサービスは企業誘致に大きな魅力を生み出します。企業が誘致されれば、そこに雇用が生まれ、人口が増加し、そこに対人的なサービス産業が生まれます。その結果、地方の税収が増加し、再エネへの再投資が活性化されます。

地銀ファイナンスはこの過程で重要な役割を果たします。

ただ、地方自治体の難点は、スピードが遅いということです。公務員の特徴として担当者も数年で替わります。この仕組みでは再エネ3・0は実現しないでしょう。そこで、代行事業者が登場してきます。

すでに福岡県みやま市では、みやまスマートエネルギーという会社が自治体資本で設立されて、エネルギーサービスにとどまらず、さまざまな住民サービスを代行し始めました。自治体のサービス部門は今後このような代行会社が実施して行くようになるでしょう。

再エネ3・0は、まだまだ先と言いましたが、目ざとい自治体はすでにこの段階に入り始めているようです。これが、「ルーラルエンタープライズモデル」です。

このようなメカニズムについては第14章で詳しく述べます。

第8章　中小規模自立分散型電力系統の台頭

制度的制約からの開放

電力系統というものは今まで見てきたように、非常に効率性の高いものであったのですが、一方その制約もとても大きなものがありました。

しかし、これまで見てきたように、高精度なデジタル技術の進展により電力変換技術は、このような電気的な制約からの開放ができそうです。

情報通信技術と組み合わせることによって電力システムそのものが大きく変わろうとしています。加えて分散型の発電設備が急速に普及し、欧州では時間帯によっては再エネだけで需要の90パーセントを超える供給がなされるドイツのような国が出てきました。今後はもっと再エネが導入され他国に輸出し、電力が不足するときには輸入するのが日常的な光景となるでしょう。

こうなると効率的な電力取引市場が発達し始め、大電力の取引だけでは十分でなくなり、時間帯別、発電源別、容量市場など様々な市場における中小規模の電力取引が活発化する可能性が生まれてきました。このような市場に対応するためには、現在世界中で行われているような電力市場の仕組みでは、到底間に合いません。株式市場のような高度なコンピューター計算処理の仕組みが必要になると同時に、実際の取引に使われる電力そのものの実物管理が重要になってきます。つまり電力識別と電力直接制御です。

電力システムは高額な設備投資を行うために長期にわたって回収を余儀なくされます。そのために、どこの国の政府も電力会社を保護する法律を整備して競争環境からは分離し、特定の企業が民間企業でもあるのにもかかわらず、ある意味の特権を有することができるようにしてきました。

発電設備においては世界中で過剰になり始め、発電自由化が起こり始めました。しかし、送電線についてては公平で中立な立場を保つ必要があるとして、どの国でも国家的な保護を行っています。

このことは逆に革新的な電力システムの変化には対応できないということを示唆しています。スマートグリッドに代表されるように、送電線網をよりスマートに開拓していこうという動きはあるものの、その送電線自体が国家的な保護に依存しているようでは、スピードのある改革は望めません。

スマートメーターという遠隔で電力消費量を30分ごとに読み取る電力量計がやっと整備されるようになりはじめましたが、10年に一度の更新という約束事ができています。これでは柔軟な仕様変更ができません。今の時代に10年間技術革新のないＩＴ機器というのは使い物にならなくなってしまうでしょう。

これは決して国家や法制度を批判しているのではなくて、従来の電気事業の仕組みそのものがこのような特徴を内包しているということなのです。本格的な変革のためには、この仕組みを変えることができるか？　というとほとんど不可能でしょう。

それを実現するためには、新しい場所を提供する以外にありません。

電力システムの制度的な制約から解放された新しい場所が必要となるのです。

デジタルグリッドが提案するセルは、イノベーションを生み出す新しい場所となります。

この新しい場所を従来の制度的制約から解放することで真のイノベーションが生まれ始めます。

詳しくはこの後の項で説明しますが、その前に類似の事象として知られる通信事業の大変革の歴史を覗いてみましょう。

情報通信事業における変化との相似性

情報通信事業では、1980年代から変革が起こりました。その歴史はいままさに電気事業で起こりつつある大変化と相似しているところもあり、また相当違うところもありますので、この項で説明していきたいと思います。

詳しいことに興味のある方は、総務省の「平成27年版情報通信白書」特集テーマ「ICTの過去・現在・未来」[32]を読んでいただけるといいでしょう。

以下は私なりの視点で読み解いたものです。

さて、通信事業においては、１９８０年代から２０１０年代の約30年間にわたって、通信事業の自由化が行われました。電電公社がＮＴＴという名前に代わり、民営化され、新規参入者として、第二電電（現ＫＤＤＩ）や日本テレコム（現ソフトバンク）、日本高速通信（現ＫＤＤＩ）などが通信事業に参入してきました。

政府は通信の自由化のために固定電話網を新規参入者に使わせるよう、様々な工夫をしました。長距離電話と市内電話を分離したり、追加の番号をダイヤルすることによって使用する通信事業者を変えたりできるようになりました。

しかし、これはあくまでも固定電話網の開放であって、需要家との接点は一つだけでした。需要家への入り口は、従来と変わらず電話線をつなぐ銅線1回線だけだったのです。しかも解放されたのは長距離通信網だけで、短距離通信網は実質ＮＴＴの独占だったのです。

電力自由化も非常に似ています。自由化と言いますが、実質は送電網の開放が行われ、需要家との接点の配電網は実質地域電力会社の独占状態にあります。

情報通信業界ではこのような時代が約20年間続きました。その過程で目立った技術革新は64キロビット通信ができるＩＳＤＮやファクシミリの進展ぐらいでしょうか？　当時の関係者の方には叱られるかもしれませんが、ユーザーサイドの変化といえば、その程度にしか感じられなかったのです。

この時期の総括として、前述の「情報通信白書」には以下のように書いてあります。

「特に国内通信市場における競争は、市場ごとに参入したＮＣＣとＮＴＴの競争という構図であり、かつ、多くの場合、NCCが競争者であるNTTの地域網に依存した特異な市場構造となっており、両者の間の競争条件は対等とは言えない状況であった。」（P12　第1期の総括）

NCCとは長距離通信事業者です。

電力自由化においても新電力事業者が、既存電力会社の送配電網に依存しつつ競争するという市場構造になっています。「両者の間の競争条件は対等とは言えない状況であった」という表現がそのまま電力自由化にも当てはまるのではないでしょうか？

1990年ごろから世界はインターネット時代に突入していました。DSLや光ファイバー、ケーブルTV回線など多用したインターネットが商用化されつつありました。

日本ではNTTの開発したISDNが主流だったのです。携帯電話も最初はNTT独占でした。その後新規参入者を迎えますが、やはりNTTの通信網に依存する構図は変わらず伸び悩みます。

政府は2001年にe-Japan構想を打ち立てて、「5年以内に少なくとも3000万世帯が高速インターネットアクセス網に、また1000万世帯が超高速インターネットアクセス網に常時接続可能な環境を整備すること」という目標を立てました。

それに先駆けて、真の競争が可能なように1999年にNTTを持ち株会社と東西2社、さらに長距離通信のNTTコミュニケーションズに分離しました。

2001年には事業法を改正して、「市場支配力を有する事業者の反競争的行為を防止、除去することを目的とした非対称規制の整備」などを柱とした新しい体制を再構築したのです。これはある意味でどの事業者も有利不利なく直接需要家にアクセスできるということを意味します。ADSLでNTTと対抗するためには、NTT内の局舎でADSL設置工事や回線切り替え工事をしなければなりません。以前はこのようなことはできにくかったわけですが、事業法改正以降、急速に普及するようになりました。

このような変化の結果、5年を待たずして2004年には、高速インターネットアクセス網への加入可能世帯数はDSLで3800万世帯、ケーブルインターネットで2300万世帯、超高速インターネットアクセス網であるFTTHで1806万世帯となり、当該目標が達成されました。この時期は世界一通信料金が安くなったと言われました。

このことは、一言でいえば需要家へのアクセスが、自由化されたということです。昔は銅線一回線に相乗りするしかなかったものが、ADSL、光ファイバー、ケーブルインターネット、無線など多様化し、同時に複数接続も可能になったということです。

電力自由化プロセスへの提言

情報通信産業の自由化のプロセスを見ると、電力自由化においても非常に酷似した動きが見られます。情報通信と同じようなプロセスをたどれば大きな変化が起こるのに30年かかるでしょう。

その間に世界は大きく変わり、日本は後塵を拝してしまう可能性が出てきます。

情報通信産業では自由化プロセス第1期の反省点として、競争相手のネットワークに依存した事業構造ということが歪だったとして、20年後の事業法改正で市場支配者による反競争的行為の防止及び排除というような法整備が行われました。

考えてみればこれは当たり前のことで、市場支配者が明文化されない支配力を持っている競争市場というのは、お互いにとって不利益をもたらすということです。

情報通信産業においては、電子機器・通信機器・ネットワーク全てにおいて世界の先端を行っていた日本企業が凋落の一途をたどり、現在では外国製の製品やビジネスモデルに席巻されてしまいました。大変残念なことです。

電力産業において、同じことを起こしてはいけません。

日本は最先端の高効率発電設備や高性能の環境対策装置を持っています。停電の発生頻度の少なさや電力ネットワークの信頼性においても、世界トップクラスです。太陽光発電の商用化は、日本が最も先進的でした。蓄電池の技術についても引けは取りません。

世界は分散型のスマートグリッド時代に向かいつつあります。

再エネを大量導入しようという時代の方向性は明確なものとなってきたと言えるでしょう。

情報通信産業の歴史を反面教師として、電力自由化を機に電力産業を日本の一大成長産業に変革し、世界に輸出できるようデザインするとすれば、次のような政策が重要になると考えます。

すなわち、「競争相手のネットワークに依存しない事業構造を構築できる場を用意し、市場支配者による反競争的行為の防止並びに排除を目的とした法整備を行う」ということです。つまり、配電網を自由化し、多重受電を可能にするということです。この法制化を早急に行うべきでしょう。

多重受電＝配電網の自由化こそカギ

電気というものは電力系統の配電網から一需要家一受電するものと相場が決まっていると思われがちですが、これは法律で決まっているのでしょうか？

実はそうではありません。電力会社の供給契約約款によるものです。さらに、民間団体で定める内線規程にも同様の記載があります。

ではなぜこのような規定があるのでしょう。

これには技術的な理由とビジネス上の理由との2つがあります。

技術的には電気的な混触やショートを予防するためであり、世界中で同様の規定があります。しかしこの問題は技術の話ですから、現代の高度化したインバーターに代表される電力変換技術などで解決してしまいます。

いい例が太陽光発電です。

皆さんの家に太陽光発電があれば、配電盤の横にパワコンと呼ばれる装置がついていることに気がつくでしょう。これは太陽光パネルが発電した直流を交流に変換する装置です。正式名称は「パワーコンディショナー（Power Conditioner）」と言います。略してパワコンです。

この装置は一需要家に対し二受電を可能にしたのです。配電線からの電気と太陽光発電からの電気を二重に受電しているわけです。技術的問題は解決しているのです。これを拡張するとDGRになります。ルーターになると複数の需要家をつないで同じように技術的制約を解消することができます。

さてもうひとつのビジネス上の制約は何でしょう。

それは独占事業という縛りです。

今まで電力会社は独占事業でしたので料金回収は一箇所で行うことが当たり前でした。一需要家に複数のメーターがあるのは煩雑でしかありません。

そのためどんなに大きな需要家でも一受電という電力会社の内規があるのです。これは電力会社からみるととても合理的でした。

また、ある需要家は二回線受電で、他の需要家は一回線受電というようなことが起こると不公平だという見方もありました。

それはその通りで、需要家からみると1本の電線で一箇所に電気を供給されるより、2、3箇所で供給を受けたほうが、信頼性が高いですし、切り替えなども楽です。またそのほうが、需要が増えた場合、電圧階級を上げたりせずにすみます。

コスト負担の不公平感と複数箇所受電の技術的な問題さえ解決してしまえば、ひとつの需要家に対して2カ所以上の受電が許されるようになります。つまり一回線は従来の電力会社から、もう一回線は新規参入者から、というようなことが可能になります。競争が促進されますし、電圧階級を上げずに済みます。

これを二重投資になるから無駄だという人もいます。

しかし自由競争の下では、潜在的市場が大きいとみなします。

情報通信事業の例を見るまでもなく、多様な選択肢があるということは、その市場を大きく拡大していきます。無駄とか無駄でないという視点は公共事業や計画経済型社会構造の視点です。

多重受電を可能にするということは、配電網を自由化し、需要家へのアクセスをフリーにするということです。

需要家に接続する一本の配電線に新規参入者が相乗りするのではなく、多数の電力供給経路を許可するということです。配電線以外に自営線などによる共同発電設備保有を許すということです。

これらが可能になれば顧客に対し多重の電力アクセスが生まれ、競争環境が充実し、電力のみに限らない総合的なエネルギーサービスが提供されるようになるでしょう。さらには、派生的な環境商品や付随するサービスも生まれてくると思われます。

電気的な制約や問題はＤＧＲがすべて解決します。

多重受電を可能にする配電網自由化のための法的な環境整備を行えば、飛躍的な技術革新や市場拡大が期待できるのです。

自家用発電共有事業の促進

配電網が自由化されれば、例えば自家発事業者（再エネも含む）が独自の自営線を引いて需要家に二重に電力を供給することができます。

この方式は電力の地産地消を促進するのにとても有効な方法になります。

従来は、地方において再エネを使った発電を行っても、その電気は既存の電力系統に接続して大都市に流れ、地元には供給されませんでした。正確に言うと、どこに流れるか分からないというのが本当のところでした。電力会社は電気の行き先は把握していないのです。

地元で発電して地元で消費したとしても、特別高圧、高圧、低圧の送配電網を使用したということで、すべての電圧階級分を足した託送料金を支払わなければなりません。

これでは「電力の地産地消」のインセンティブが働きません。

地方には豊富な水力、風力、太陽光、地熱、バイオマス、バイオガス、潮汐力など様々なエネルギー資源があります。これらを地元で発電し自営線で近隣の需要家に供給する、不足分は多重充電している電力会社から購入するというような仕組みが可能になれば、地産地消のインセンティブが働きます。

一需要家や一事業者では、資金的にも需要の大きさから見ても経済的に成立しにくいのですが、複数の需要家が集まれば、実現可能性は高くなります。

また、コミュニティーの活性化という意味でも非常に大きな貢献が期待できます。自営線は必ずしも電力だけではなく、水道管やガス管などと一緒に埋設することで経済性が確保できますから、自治体やガス事業者等との協調も重要となってきます。

現在の法律では、既存の配電網を経由しない電力供給や、資本や事業上の関連がない複数の需要家に自営線で電力を供給する自家発事業者という存在は全く想定していません。

この制度的な制約を緩和して多重電力供給を認め、地元の地産地消を促進する自家発事業者を優遇することは、自立可能で災害に強いセルをたくさん生み出し、大いに国益に寄与することとなるでしょう。

託送料金の重み

自家発事業者等が生まれてくると、既存の送配電網の維持が困難になるという意見はあるでしょう。しかし、これも情報通信産業の例を見ると、時代の変化に逆らっても逆らいきれず、既存の事業者は新たなビジネスモデルに邁進していくことが必然となることが分かります。

電気事業の場合は、情報通信産業とは違いますが、既存の送配電網の維持は、託送料収入だけではいずれ厳しくなってきます。もちろん送配電網は極めて重要なインフラですのでなくすわけにはいきません。それでも既存送配電網の維持が困難になってきます。

以下にそのプロセスを説明します。

既存送配電網は託送料金の収入によって維持されることになっています。

託送料金とは発電設備が送配電網を利用して、需要家に電気を送り届ける際の送配電網利用料金です。

この計算は、各電力会社が送配電設備にかけた設備の費用やそれにかかわる人件費や補修費などを細かに計算して、送り届ける電力の量で割り算して得たものです。その計算方法は経済産業省のホームページの中で「電力会社の託送料金申請を認可しました」に出ていますので興味のある方は一度ごらんになって下さい[33]。

このホームページはさらに2つのページに分かれていて、1つは北陸電力、中国電力、沖縄電力の託送料金認可についての資料[34]、もう1つは残りの電力会社の認可についての資料[35]が載っています。

各社の「託送供給等約款認可申請書」が別紙の形で添付されていますので、その中を見ると詳しい資料が載っています。大変厚い資料ですけれども、最後のほうに計算書が載っており、とくに様式第8（第25条関係）という資料に、送配電に関わる固定費、可変費及び需要家費が3年分の費用として算出されています。

固定費とは、電力を託送してもしなくても支払わなければならない一定の費用を言います。可変費は、託送する電力量に応じて変化する費用です。需要家費は、スマートメーターの費用と思っていいでしょう。
販売電力量についても、特別高圧、高圧、低圧、それぞれの3年分が算出されています。
送配電にかかわる費用を販売電力量で割った値が託送料金単価としてこの表に計算されています。

この表から今年自由化された低圧託送料金を計算してみましょう。
低圧託送にかかわる金額は10社合計で、
固定費――――1兆8957億円（72・1％）
可変費――――1871億円（6・8％）
需要家費――――5816億円（21・2％）
低圧託送にかかわる全費用は、合計で2兆7545億円になります。

一方、低圧の販売電力量は3232億キロワットアワーです。
割り算すると8・52円／キロワットアワーです。
各社別の託送料金を確認すると以下のようになります。
平成28年から30年の平均値で計算した結果、
北海道電力　8・76円／キロワットアワー　東北電力　9・71円／キロワットアワー
東京電力　8・57円／キロワットアワー　中部電力　9・01円／キロワットアワー

北陸電力　7・81円／キロワットアワー　関西電力　7・81円／キロワットアワー
中国電力　8・29円／キロワットアワー　四国電力　8・61円／キロワットアワー
九州電力　8・30円／キロワットアワー　沖縄電力　9・93円／キロワットアワー

となりました。おおむね7円台後半から9円台後半ですね。

この金額が経済産業省に申請され、受理され、これをベースに各社の接続供給約款が認可されたわけです。

一方で各社の低圧小売電気料金は、自由化されたものの電気供給約款の形でまだ料金が記載されています。

この価格は、いずれ自由化でわれわれの眼に届かなくなってしまいますが、今のところ、各社共28円から30円／キロワットアワーくらいの電気料金になっているようです[36]。

託送料金がそのうち約3分の1弱を占めているということが分かりますね。

電気料金の3分の1というのはいかにも重たい費用です。

もし、自家発を設置して、それが大規模な電源と、同程度の電気料金になるのであれば、託送料金が不要となる分だけ魅力的になります。

自家発が増えてくると、その分電力需要が見かけ上減って見えますので、送配電網を使って送り届ける販売電力量が少なくなっていきます。

そうなると託送料金は徐々に高くなって行かざるをえません。

託送料金が高くなれば、さらにやや割高な自家発電も経済性が出てきて、設置が増加します。このように託送料金の仕組みは、自家発を増大させる循環ループを内包しているのです。このような悪循環が起こると託送料金はどんどん高くなり、止める方法がありません。法律を作って止めることは可能ですが、それでは電力産業のイノベーションを止めてしまうことになります。

後で述べますがデジタルグリッドはこの解決策をもたらします。

託送料金の歪んだ構造

託送料金は送配電網を維持するために必要な費用ですから、このように自家発が増えていって託送料金が上がっていっては困ります。しかし、だからといって、自家発に何らかの課金をするというのは得策ではありません。

なぜなら、再エネを始めとする自家発は需要家の厳しいコスト意識にさらされていますので、技術革新が急速に進む分野だからです。太陽光発電は既に工事費込みでキロワット単価が30万円を切っていますが、急速に半減していくであろうと思われます。燃料電池やガスエンジン発電機、太陽熱利用温水器、小規模水力、小規模風力など技術開発余地があるものが、市場の開放を待っています。

自家発がすべての電力需要をまかなうというようなことはありえませんので、どこかで系統電源とバランスが取れるところが出てくるでしょう。

補助政策あるいは逆に抑制政策を取ったりすると、このバランスが歪みますので、国の補助政策としては何もしないということがベストになると思われます。補助ではなくて規制緩和、あるいは新しい促進ルール策定が重要です。

自家発は多少大型になってくると、一個人や一企業で設置することが困難になります。したがって、共同で自家発を持つというような新しいサービス事業が生まれてくるでしょう。

これは是非規制を緩和して優遇すべきものと思われます。これによって、再エネ技術革新が民間レベルで大いに促進されることになります。

それでは、送配電網の維持費の回収はどのようにしたらいいのでしょう。

もう一度託送料金の構造をよく見てみましょう。

前の項では低圧部分に関する託送費用を見ましたが、以下は特別高圧、高圧も含んだ10社合計です。

固定費――――3兆3439億円（74・8％）
可変費――――5174億円（11・6％）
需要家費―――6118億円（13・7％）

総額で、4兆4731億円となっています。

託送料金は、基本料金（毎月固定した金額）と従量料金（託送電力量に依存して変動する可変金額）の二部料金制になっています。

需要家費は電力量計の検針や更新にかかわるものですから、発電量に関係しない固定費の一部とみなすと、固定費と需要家費を加えた固定費相当額は、全体の88・4％を占めることになります。一方、可変費分は全体の11・6パーセントということになります。にもかかわらず、発表された託送料金単価は低圧電灯で従量料金相当分が93パーセント、低圧動力で69パーセント、高圧で64パーセント、特別高圧で69パーセントとなっています。

この料金構造は大きな問題を内包しています。

固定費が主要な支出要素になっている原価構造においては、基本料金を高くして従量料金を安くすれば販売電力量が変動しても収益構造が悪化することはありません。

しかし、今回の託送料金の原価構造は固定費が9割近い支出要素になっているにもかかわらず、料金単価構造は6割から9割近くが従量料金に偏っています。

販売電力量が減少すると固定費が払えなくなってしまいます。販売電力量の変動にとても弱い料金構造になっていると言うしかありません。

自家発セルとの共存への転換

このような構造になっているのは電力会社や政府が悪いわけではありません。世界中の電力会社がこのような形態になっています。これはほとんどが独占事業に近い形を得る代償として、社会的弱者のための料金体系にせざるをえなかったからです。すなわち、収入の少ない人に最低限の電気を供給するため基本料金を下げざるをえなかったのです。

またこれでも何とかなっているのは、年間を通じた販売電力量が極端に減少することはないと考えているからです。自由化されてもすべての競争相手である新電力事業者が、この送配電網を利用するという前提に立っているからです。

この前提は前述した情報通信事業において猛烈な反省に至った「競争相手のネットワークに依存した事業構造」そのものなのです。

いずれこの構造は、破綻をきたすことになります。

早い段階で、将来の市場構造を見据えて新たなビジネスモデルを構築することが重要ではないでしょうか?

すでにいくつかの電力会社管内では、自家発が普及拡大しており、販売電力量が減少してきています。

米国では高級住宅街で太陽光発電がステータスとなって、ゼロエネルギーハウスを標榜しているところが増えています。米国の場合は日本よりもさらに従量料金に偏っていますので、差し引きの電力量がゼロになると電力会社の料金収入がほとんどなくなってしまいます。しかし、太陽光発電は系統の電力がないと発電できませんから、系統設備にただ乗りしている状態になってしまいます。

このままでは電力会社の収益は悪化しますが、米国でも料金の基本的な体系を改定して、従量料金主体から基本料金主体に移行するのは至難の業です。そこで、米国電力技術研究所（ＥＰＲＩ）は、インテグレーテッドグリッド[37]と称して、スマートインバーターと蓄電池と情報通信技術を組み合わせて、電力会社の新しいサービスを提供するビジネスモデルを提案しています。ＥＰＲＩの主張は、分散電源の価値を真に理解して、電力系統と親和する分散電源の共存の在り方を探ろうというものです。具体的には、分散電源を最初から統合した配電網の設計・運用指針を作り、電力部門の技術的な運用のみならず、環境そしてビジネスモデルの枠組みまで、分散電源を組み込んだものに変革しようとしています。従来の主張から１８０度転換したものになっています。

日本でも同様の見直しは、いずれ必ず発生します。歪んだ託送料金体系は、必然的に自家発の普及を促し、それにより販売電力量が減少し、送配電網の維持が困難になります。販売電力量が減少すれば料金単価を上げざるを得ず、料金単価が上がればますます自家発が優位になるという悪循環が起きます。

このような状況でもビジネスを成立させるにはＥＰＲＩの主張のように、自家発側にも手を差し伸べて共存するビジネスモデルに転換することしかありません。自らも自家発側に回るということも一つの選択肢でしょう。自営線構築やセル構築は基幹系統の負担を軽減する良いビジネスモデルとなるでしょう。

地方自治体がプレイヤーとして台頭

情報通信産業とはかなり異なる展開になると思いますが、電力やエネルギーに関しては、地方自治体が大きなプレイヤーとして台頭してくると考えています。

そもそも電力の供給事業は地方自治体の公共事業の一環として行われるものが多かったのです。最初の公営発電所は1892年の京都府の蹴上（けあげ）発電所でした。戦時体制下における電力の国家管理により、国内全ての電力施設を日本発送電株式会社（昭和14年設立）及び各配電会社（昭和17年、ブロック別に9社設立）に吸収・合併されました。戦後は、国土の総合的な開発、利用、保全のための河川総合開発事業に参画することにより、卸売供給へと事業形態を変更し、今でも350もの公営発電所が稼働中です[38]。

その設備規模は238・4万キロワット、年間発電電力量は、約80億キロワットアワー[39]ですので、そこそこの存在感があります。そのほとんどは水力発電所で、売電単価は平均7・7円／キロワットアワーです。電力会社に卸供給をしている状態ですので地産地消にはなっていません。

この状態を見ると、ほんのちょっとした法的整備で地産地消が可能になり、しかもその地域に対してきわめて安価な電気料金が提供できるようになります。これは、自治体にとっては大きな武器となります。電気料金を低減させるだけではなく、この条件を有利に使って企業誘致を行うことができます。

企業が進出してくれれば、新しい雇用が生まれ、周辺には新しい産業ができていきます。これらがもたらす人口増加は地方自治体にとっては、税収の増加のみならず様々な新事業の創出や、地域の活性化の起爆剤となり得ます。

電気料金設定が地方自治体の自由にならないというのは、ある意味で不思議な話です。自分のところで産出した電気に自分の裁量で値段をつけることができるようになる、というのが真の意味での電力自由化ではないでしょうか?

公営電気事業による発電が、単独で安定的に電力を需要家に供給するということは技術的には大変ハードルが高かったと言えます。それが理由で、今までは電力会社に全量卸売りをしていたわけです。しかし、電力自由化になり、デジタルグリッドセルのような多重受電ができるようになれば、不足分は電力会社から、主たる電源は自分の発電所から供給することも可能になります。こうなれば地産地消の基本コンセプトは実現可能となり、水力だけではなく、その他のエネルギー資源も十分活用できるようになるでしょう。

地方自治体は今すぐ出てくるプレイヤーではないかもしれませんが、次章で述べるように、再エネ3・0の段階のデジタルグリッドでは重要なプレイヤーとなるでしょう。

地方創生のカギはエネルギーにあった

再エネという側面に限ってみると、地方はエネルギーの宝庫です。

これまでは外国から資源を輸入し、それをもって大規模発電所で電力に変換し、大都市へ送るとともに、地方にも再輸送してきました。これに対して地方は対価を支払い、その対価はまとまった形で海外に流出していったわけです。

しかし、地方に降り注ぐ再エネを地方で電力に転換し、直近の需要家に自営線で供給することが可能になれば、今まで支出していたエネルギー関連費用は不要となり、内部留保することができます。

さらに再エネの発電量が増えれば、送配電網を使って大都市へ送ることも可能になり、地方がエネルギー輸出地域に変貌します。エネルギー関連の収入は極めて安定的であり、地方にとっては重要な収益源になります。

地方自治体が、条例の整備を行えば、多くの再エネ事業者や自家発代行事業者、特定送配電事業者等が集まってきますし、地元の工事業者、電気通信工事業者、燃料供給業者なども参入してきます。

再エネが不安定な電源だけに系統電力のバックアップが必要ですので、電力会社にとっても興味深い事業機会となります。石油や石炭やガスを化石燃料といいますが、この化石燃料系の火力発電所の価値はこのバックアップという役割で非常に高まります。一方で、自家発側でも小規模のディーゼル発電やガスエンジン発電、燃料電池発電などの価値が高まります。

全国でガソリンスタンドの経営が苦しくなってきていますが、バックアップ電源用の燃料供給や、その電気事業というような新たな事業機会が生まれてくるでしょう。

地方銀行はこれらの動きに対して敏感になる必要があります。

せっかく地方自治体が条例を作って地方のエネルギー再生を図っても、資本投下を外国資本が行うのでは、結局資本が海外流出することになります。スマートメーターの一部はすでにGE製だったり、Landis+Gyr製だったりしているということをよく認識しておく必要があります。

地方再生のカギはエネルギーにあります。その主要なプレイヤーは地方自治体と地銀グループでしょう。日本ではドイツやアメリカのようなエネルギー協同組合がたくさん生まれて、配電網を買い取るというようなことはあまり起きないような気がします。

日本では地銀の役割が大きいと思います。地銀が地方自治体といかにタッグを組んで、ビジネスモデルとファイナンススキームをいかに組み上げるかが、地方創生の明暗を分けるといっても過言ではないでしょう。

この点については第四部で詳しく説明します。

第9章　エネルギー源もタイミングパルスも宇宙から

十分に存在する自然エネルギー

石油、石炭、ガスなどのいわゆる化石燃料は、過去の長期間にわたって太陽エネルギーが蓄積されたものです。人類はおよそ150年の間に、これらを掘り出して燃焼させ、大気中に放出したわけです。放出した熱や、CO_2に代表されるさまざまな種類のガスが異常気象問題を引き起こしていると言われています。

一方、太陽エネルギーは年間390万エクサジュールというエネルギーを地球の地表面に降り注いでいます。これは水1グラムを1度上昇させる熱量のおよそ1億倍を、さらに1億倍したものを、またさらに1億倍しただけのエネルギー量に相当します。人類が1年間に使うエネルギー量は500エクサジュールと言われますから、降り注ぐ太陽エネルギーの約8000分の1しか使っていないわけです。

太陽が1時間で降り注ぐエネルギーは人類の1年間分のエネルギーに相当するのです。

この太陽エネルギーは、化石燃料のように掘り出してしまったらなくなってしまうものではありません。毎年同じ量が安定的に宇宙から降り注がれます。このエネルギーは太陽光発電や太陽熱だけではなく、形を変えて風のエネルギーや海流のエネルギー、あるいは雨をもたらして水力エネルギーなどに転換されます。

またどこかに集中的に降り注ぐわけではなく、地球上のあらゆる場所にまんべんなくエネルギーを提供してくれています。これを電力に変換することが効率よくできれば、送電線を引く代わりに太陽が電磁波で無線給電をしてくれているようなものですね。

太陽エネルギーを使わなければ、最終的には熱になって地球を一定の気温に保ってくれます。このエネルギーを途中で一部、電力に変換させてもらって使いやすい形で様々な装置を動かし、人類の生活を豊かにするということをしても、最終的にはモーターや照明などの放出する熱として大気に還元されます。つまり太陽のエネルギーを利用しても利用しなくても、地球全体の熱バランスは変わらないわけです。

こう考えると、人類の究極のエネルギー源は太陽に依存して行くことが最適の選択になると考えるのは自然でしょう。

活用するための電力系統

この分散して降り注ぐ太陽エネルギーを上手に使うための電力系統は、当然分散型の電力系統になります。メガソーラーとか巨大なウィンドファームとかはやや考え物です。消費者のところまで太陽エネルギーは届いているのですから、わざわざ遠くの場所で集中してエネルギー変換を行って、延々と送電線で消費者まで運んでくるというのはあまり賢い選択ではありません。途中で損失も起こりますし、送るために送電線の強化や増容量も必要になってきます。

消費者の近傍で発電し、消費者に直接届ける小さめの分散型発電機が再エネの利用法としては適しているのです。

小さな発電装置で全ての電力需要をまかなえるのか？　という疑問もありますが、数字の上だけであれば十分可能だということになります。例えば、日本には約６０００万世帯の住居があると言われますが、仮にこれらが全て３キロワット程度の発電をしたとすれば、１億８０００万キロワットになります。現在の日本の夏場の最大需要は１億６０００万キロワット程度ですので、その需要を充分まかなってしまうことになります。もちろんマンションだとかスペースのない住宅とかを考えると単純な計算はできませんが、住宅に限らない商業スペースや公共スペース、未利用地なども考慮に入れると相当なポテンシャルがあるということだけは言えるでしょう。したがって、重要なのはそれをいかに使いこなすかという電力系統の新しい仕組みの開発になります。

技術的にはすでに述べてきたように、デジタル技術を使いこなした新しい電力変換技術が生まれつつあります。しかし、技術だけでは再エネの爆発的な普及には至りません。そこには理論的な投資回収メカニズムとそれを促進する意志と制度的なサポートが極めて重要です。

セル内インバーター群の同期運転

従来の電力系統が各需要家に上から電気を供給するものとみなすと、セルグリッドは、各需要家に下からルーターを介して接続し、需要家間を自営線で横につなぐようなイメージになります。

この自営配電線は、直流なのか、交流なのか、と問われることがよくあります。

結論から言うとどちらでもよいのです。

直流の場合は、現在の技術によれば、電圧を上げることもできますし、配電線が2本で済むというメリットもあります。直流でたくさんの需要家に電力をルーティングする技術は直流多端子技術といって多くの難問がありましたが、これを解決することも可能です。交流の場合は、標準的な製品が大量に安価に入手しやすいというメリットがあります。

交流でも直流でも、通常は電圧制御する親機インバーターと電流制御する子機インバーターとの組み合わせになります。この方法は、直流の場合、親機が自営線に交流電圧を作り、子機がその電圧に対して電流を送り込むというものです。交流の場合は、親機が自営線に直流周波数を作り、子機がその周波数に追従して電流を送り込むというものです。

直流でも交流でも、親機の容量が十分大きくないと、たくさんの子機を制御することが難しくなります。

それでは、数多くのインバーターがほとんど同じ位の容量でどんぐりの背比べ状態の場合は、どのようにして制御すればいいでしょうか？

このようなケースは現実によく見られます。例えば、たくさんの住宅の屋根に同程度の出力の太陽光発電が設置されているときに、もしそれらをつないで電気を融通できれば、自宅で太陽光を使わないときに他の家で有効に使うことができますね。

住宅向けの太陽光発電はだいたい5キロワット程度のものですので、1カ所だけ大きいということがありません。どこかに大容量の発電機を置いて、それを親機にして周波数を安定化させる、というのが離島などで行われている方法ですが、これでは再エネを増やすことができません。

再エネを大量に導入するためには、同程度の容量のインバーターだけで並列運転ができるような仕組みが必要です。すべてのインバーターになんらかの同期情報を伝える通信回線があれば制御可能になるかもしれません。しかし、この通信線は信頼性が重要であり、それなりのコストもかかります。

同程度の容量の多数のインバーターが通信線などなしに、うまく同期をとって電力を融通し合う方法は無いものでしょうか？

同期信号をGPS衛星から

インバーターは同期発電機とは違い、内部にある水晶発信子などのクロックによって制御信号を作り出します。このクロックは非常に精度が高いのですが、それでも1カ月に数秒から数十秒の狂いが生じます。

このクロックに非常に精度が高い時刻信号を外部から入力できれば、そこから作られた制御信号は非常に精度の高い交流の商用周波数を作り出すことができます。

商用周波数は50ヘルツですと、1サイクルが20ミリ秒ですので、クロックの精度はその0・1％程度であればインバーター間の大きな電圧差にはなりません。0・1％というのは20マイクロ秒にあたります。この程度の正確さを持つ時刻信号にはどのようなものがあるでしょう。

例えば、電波時計とかインターネット上の時刻信号とかが考えられますが、いずれも実用的には数十ミリ秒の精度しかありません。

そこで我々の研究室が注目したのはGPS（Global Positioning System）による時刻信号です。GPSといえば、カーナビやスマホの位置情報で身近な存在ですが、もともとは軍事用に開発された人工衛星からの情報伝達システムです。現在GPS衛星は76個あり、商業的にも活用されているので、極めて信頼度の高いインフラとなったと考えてもいいでしょう。所有国も米国、中国、ロシア、日本など増えてきましたので、安心できるインフラと考えていいでしょう。

GPSからは3次元の位置情報を、GPS内部に持つ原子時計による送信時刻情報を付加して送信されてきます。この時刻情報の精度は10のマイナス13乗という高いレベルですので、インバータークロックの補正には十分と言えます。

しかもこの信号は空が見える場所であれば、どこであっても受信できますので、太陽光パネルや風力発電機のインバーターにはとても適していると言えます。

このようにしてインバーターの周波数を高い精度で同期させることができれば、再エネだけで構成するセルグリッドも可能になります。

これを「時刻同期電力系統」と呼ぶことにします。英語では「Time-Based-Synchronized-Electrical-Grid（ＴＢＳＥＧ）」と呼ぶことにしましょう。

時刻同期電力系統ではすべてのインバーターが親機になります。すべてのインバーターがＧＰＳ衛星の指揮の元、同じ周波数でオーケストラを奏でるようになるのです。ＧＰＳを見失った場合でも対応策はありますので心配要りません。

ＴＢＳＥＧは離島や限界集落、あるいは途上国の無電化地帯など無数の地点で有効な電源調達手段となることでしょう。

電力系統工学が大変革

ＧＰＳのような正確な時刻信号によって、周波数を固定化した電力系統セルは今までの電力系統工学の歴史を塗り替えます。直流多端子も可能になりますが、この本では交流系のみを扱います。

従来の電力系統工学では周波数の変化率を見ながら、需要と供給のバランスを取ったり、電圧位相の差によって電力潮流を発生したりしてきたわけですが、周波数が固定され、位相が完全に一致したインバーター電源群による電力系統は、電力供給のメカニズムが全く変わってしまいます。例えば、周波数が50ヘルツといえば、従来系統では±0・2ヘルツぐらいの変動は常にあったわけですが、デジタルグリッドのセル内はこの変動が全くありません。トラックモデルでいえば、今までの同期系統はアクセルでエンジンスピードをコントロールしていたのに対し、時刻同期系統ではまるでトラックがすべて電気モーターになって、一定速度で運転するようなものに変わります。

電圧においても、従来系統では変動が許されていたわけですけれども、デジタルグリッドではぴったり一定の電圧になります。

周波数も電圧も固定されてしまいますので、セル内の電気機器に流れる電流はその機器のインピーダンスで決定されてしまいます。インピーダンスというのは抵抗とコイルとコンデンサーからなる総合抵抗のようなもので、電気機器固有の値になります。

電気機器ごとに電流が決まりセルの電圧が固定であれば、その電気機器の消費する電力が決まります。つまり電力は電流に比例することになります。

従来の電力系統では電力は電流の2乗に比例していました。したがって非線形な挙動を示すというのが電力系統工学の常識でした。

しかし時刻同期セル系統では、電力は電流の1乗に比例することになりますので、線形な挙動になります。

電力の計算は難しいものだというのが定説でしたが、時刻同期系統では、従来のように周波数や電圧の変動といったものに頭を悩ます必要がなくなり、とても簡単で扱いやすいものになります。

再エネの出力抑制が自動化

周波数も電圧も固定されてしまいますので、この時刻同期系統内では需要を超えた発電がなされた場合に、インバーター内部で発電を自動的に抑制してしまいます。太陽が照っていても風が吹いていても需要を超えたら出力が出てこなくなるのです。自動的な出力抑制ということですね。

もう少し詳しく説明しましょう。

時刻同期セルではセル内の需要を超えた発電がなされるとセル系統の電圧を上昇させる方向に働きます。従来系統でしたら、周波数が上がる方向に働くのですが、セルでは周波数が固定されていますので、電圧が上昇しようとします。

しかし、インバーターの仕組みとして電圧も固定していますので、需要を超えた発電によるエネルギーはルーターの直流母線電圧を上昇させようとします。ルーターは直流母線電圧を一定に保とうとする制御になっていますので、発電機の出力を抑制するように接続端子の接続部電圧を上げることになります。太陽光発電などは受け側の電圧が上がると出力が下がるV‐I特性という性質を持っていますので、自動的に出力が需要にマッチングするところまで低下してしまうわけです。風力発電でも風車の羽の角度を変える、ベーンコントロールというものがついていますので、自動的に出力が抑制されます。

このようにしてルーターに接続された電源は、自動的に需要を超えた発電が抑制されるようになります。

従来の同期系統では、再エネはその系統の30パーセントぐらいしか導入できませんでした。ＧＰＳ時刻同期セルの場合は、すべてのインバーターが正確な時刻で固定した値の周波数を同期して作り上げますので、１００パーセントインバーター電源とすることも可能となります。

再エネ100パーセントセルの実現

すでに述べてきたようなＧＰＳ時刻は10のマイナス13乗の精度があります。このような高い精度ですべてのインバーターが同期すればセル内はすべてインバーター電源で構成することができます。すなわち、バイオ発電や水力発電と組み合わせれば１００パーセント再エネセルも可能となるのです。

再エネは不安定な電源ですから、出力が足りないときや多すぎる時があります。出力が足りないときは系統から補ってもらうと、化石燃料系の電源が混じり１００パーセント再エネにならないという指摘もあるでしょう。

しかし、過剰の出力の場合に従来系統側に逆潮流を行えば、足りない時に補ってもらうものと相殺し、差し引きでセル内は100パーセント再エネとすることが可能です。

また、第5章で見たように、再エネ電力量を増やすと、再エネの出力規模は需要の数倍にもなります。これだけの電源を地産地消できないからといって、自動で出力抑制するのはさすがにもったいないでしょう。

過剰な再エネ電力をセル内で消費する有効な手段として、CO_2の固定化による合成燃料の製造があると思います。まず水素を作って、余剰電力を熱源として合成燃料製造を行うことは量的にも大きな可能性を有しています。

このような燃料製造技術が再エネ由来となると、セル内のエネルギーは再エネ率を大幅に高めることができるようになります。

時刻同期電力系統と従来系統の接続

このように時刻同期系統は周波数と電圧が固定されてしまいますので、従来の同期発電機による同期系統とは直接接続することができません。

ではどうするかというと、ここで非同期連系技術の出番です。

今までも繰り返し述べてきたように、従来系統は周波数の揺らぎが発生していますが、時刻同期系統は正確な周波数に固定されてしまいます。

両者をＤＧＲ接続することによって、セル内の再エネによる出力変動は、系統に直接影響を与えることがなく、計画的に抑制されます。セル内の需要を満たした上で、さらに安定電源として、計画的に出力を提供することもできるようになります。

系統側が停電してもセル内は需要に対して電力を供給し続けることができますし、セル系統が停電したときには系統から各需要家に従来通り電力を供給することができます。この切り替えは全く無瞬断に行われます。

セル同士も系統以外のネットワークを共有することができます。電力は至る所から供給されるようになり、再エネを中心にふんだんに使用することが可能になります。接続点にインバーターを多用することで効率を心配する人もいるでしょう。もちろん効率向上は重要な目標ですが、もともと無料のエネルギーの損失と考えると、あまり神経質になる必要はなく、むしろその効用が生み出すメリットに注目すべきでしょう。精度の高い周波数を持つ時刻同期セルは、電力品質が高く、セルの持つ周波数情報は、様々な電子機器やＩＴネットワークに利用されるようになるかもしれません。

すべてのめぐみは宇宙から

このようにして、太陽を起源とするエネルギー源を宇宙から受け取り、そしてそれを電気に変換するためのインバータークロックの補正信号も宇宙からGPS衛星を経由して受け取る、ということは、すなわち、すべてのめぐみを宇宙から受け取るということになります。

人類は、蒸気機関の発明以来、長期にわたって、化石燃料という遺産を地中から掘り出して燃焼させてエネルギーを取り出すということを行ってきました。

その結果は改めて言うまでもなく、様々な大気汚染や地球環境問題を引き起こしています。また、化石燃料の賦存量は地域依存性が強いため、利権確保のための紛争が絶えなかったのもこの時代の特徴です。

地中から掘り出したエネルギーは使い勝手を良くするために、その7割方は、大気や海水中に無駄に放出されてしまいます。

これからの時代はエネルギー源を太陽に依存し、送電線の活用も極力抑えて地産地消するセルグリッドのような電力系統が重要になってくるでしょう。太陽エネルギーを途中で電力に変換するということは、放っておけば熱に変換されるものを途中で使いやすい形に変えて、大いに利用させていただき、最終的には熱で再放出するということですので、地球に対して負担がほとんどありません。

新しい世紀はすべてのエネルギー源を宇宙からというのがキーワードになるのではないでしょうか。

[22] https://www.energy-charts.de/power.htmでimport, exportを選択すると電力輸出入チャートが表示される。2015年12月のデータを採用
[23] http://www.meti.go.jp/meti_lib/report/2013fy/E002742.pdf
[24] https://ja.wikipedia.org/wiki/オートマチックトランスミッション
[25] アルビン・トフラー「第三の波」、中公文庫、1982年
[26] http://www.worldenergyoutlook.org/media/weowebsite/2015/WEO2015_Factsheets.pdf
[27] www.fepc.or.jp/library/data/60tokei/xls/3_1.xls
[28] http://www.meti.go.jp/committee/sougouenergy/shoene_shinene/shin_ene/keitou_wg/pdf/003_09_00.pdf
[29] http://www.enecho.meti.go.jp/committee/council/electric_power_industry_subcommittee/001_005/pdf/005_008.pdf
[30] 北海道電力 http://www.hepco.co.jp/energy/recyclable_energy/fixedprice_purchase/megasolar_handling.html#OUTPUTCONTROL
東北電力 http://www.tohoku-epco.co.jp/oshirase/newene/04/index.html
北陸電力 http://www.rikuden.co.jp/koteikaitori/mousikomi.html
中国電力 http://www.energia.co.jp/elec/seido/kaitori/moshikomi.html
四国電力 http://www.yonden.co.jp/energy/n_ene_kounyu/renewable/keitou_wg.html
九州電力 http://www.kyuden.co.jp/effort_renewable-energy_application.html
沖縄電力 http://www.okiden.co.jp/corporate/purchase/
[31] http://www.meti.go.jp/committee/sougouenergy/shoene_shinene/shin_ene/keitou_wg/003_haifu.html
[32] http://www.soumu.go.jp/johotsusintokei/whitepaper/ja/h27/html/nc111110.html
[33] http://www.meti.go.jp/press/2015/12/20151218004/20151218004.html
[34] http://www.meti.go.jp/press/2015/07/20150729002/20150729002.html
[35] http://www.meti.go.jp/press/2015/07/20150731006/20150731006.html
[36] http://www.tepco.co.jp/ep/company2/pdf/280101kyouku000-j.pdf
[37] http://integratedgrid.com/
[38] http://www.soumu.go.jp/main_content/000311199.pdf
[39] http://www.meti.go.jp/committee/sougouenergy/sougou/denryoku_system_kaikaku/pdf/003_s01_02.pdf

第三部

電力
インターネット

第10章　ユビキタスインバーターの世界

インバーターとは何か？

今までインバーターという言葉を何度も使ってきました。ここで改めてその中身について少し詳しく説明してみたいと思います。

直流から交流を作り出す電力変換器を総称してインバーターと言います。逆に交流から直流を作り出す電力変換器を整流器と言います。両方の電力変換器を総称してコンバーターといいます。ほかにもいろいろな言い方をするケースがありますが、この本では直流から交流を作るものも交流から直流を作るものも共にインバーターと呼ぶことにします。

直流は電圧の大きさや電流の方向が一定で変化しません。蓄電池の電気が代表的な例でしょう。

一方交流は、周期的に電圧の大きさと電流の方向が変化します。交流の代表例はやはり家庭のコンセントにきている電気でしょう。この電気を商用電源と言いますが、東日本では1秒間に50回、プラスとマイナスを交互に繰り返す波になっています。西日本では1秒間に60回の波が送られてきています。この波の形が三角関数の正弦波と呼ばれるものになっています。

インバーターは、一定の電圧の直流から正負が周期的に反転する交流を作り出す電力変換器です。

インバーターがどのようなことを行って直流から交流を作り出すのかを以下に解説します。より詳しく知りたい方は参考資料にあげるようなウェブサイト[40]をご覧になってください。

さて、直流側が正と負の端子を持っているという場合のインバーターの動作をもう少し詳しくイメージしてみます。

直流400ボルトから交流200ボルトを作り出してみましょう。直流400ボルトにはプラス200ボルトとマイナス200ボルトの端子があるとイメージしてください。

そこに電力変換素子をつなぎます。電力変換素子とは電力用のトランジスタです。デジタル信号で大電流を流す回路がつながったり、切ったりできるスイッチのようなものです。大電流を入り切りするスイッチというと、家庭用の分電盤にあるブレーカーのようなものをイメージするかもしれませんが、トランジスタはとても小さな板状のもので、高速に大電流を流したり、止めたりすることができます。

すでに述べたように、現在普及しているIGBTという電力変換素子で、50マイクロ秒ごとに一回スイッチを入り切りできます。1秒間に2万回のスイッチ入り切りが可能だということです。

電力変換素子にはゲートとアノードとカソードという3つの端子があります。

このゲート端子にデジタル信号［1］を電気信号に変換して、スイッチを入りにするとプラス200ボルト側につながり、デジタル信号［0］を電気信号に変換して、スイッチを切りにするとマイナス２００ボルト側につながるという仕組みと考えます。実際には、電力変換素子２個を組み合わせてこのような動作をさせるのですが、簡単にするために1個で話を進めます。

スイッチの反対側の出口には電気回路フィルターというものがあって電圧の変化をなだらかに平均化して電気を取り出すことができるようになっています。

電力変換素子は50マイクロ秒の間に1回スイッチを入り切りできますので、最初の25マイクロ秒の間、入りにして、残りの25マイクロ秒の間、切りにしたとします。この動作をすべての50マイクロ秒において同様に繰り返していますと、フィルターを通して出てくる電圧はプラス２００ボルトとマイナス２００ボルトの平均値で0ボルトを出力し続けます。

スイッチを入れている時間をやや長めにして、例えば30マイクロ秒の間、入りにして、残りの20マイクロ秒を切りにすることを続けますと、フィルター出口の電圧は（30マイクロ秒×２００ボルト－20マイクロ秒×２００ボルト）÷50マイクロ秒＝プラス40ボルトを出力し続けます。

逆にスイッチを入れている時間をやや短めにして、例えば10マイクロ秒の間、入りにして、残りの40マイクロ秒を切りにしますと、フィルター出口の電圧は（10マイクロ秒×２００ボルト－40マイクロ秒×２００ボルト）÷50マイクロ秒＝マイナス１２０ボルトとなります。

スイッチの入り時間を増減させずに固定しておけば直流が作れます。最初の例のように、入り時間も30マイクロ秒で固定してそれを繰り返せば、出力電圧はプラス40ボルトの直流になります。

スイッチの入り時間をきめ細かに増減させていけば、周期的に正負が反転する、なめらかな正弦波の形をした交流が作れます。

これがインバーターの直流から交流を作る原理です。直流から交流を作る場合と直流を作る場合で、プログラムを作ったことのある人なら交流を作る場合と直流を作る場合で、プログラム上では数十行変更するだけで良いことが分かるでしょう。

これは直流から直流を作るDC／DCコンバーターというものと同じ機能をプログラム上でスイッチの時間調整をするだけで実現したことになります。

このような方法で直流まで作るやり方は、世の中ではあまり一般的ではありません。しかし、このようなインバーターは、電力変換素子に与えるデジタル信号次第で任意の電圧波形を取り出せるというポテンシャルを持った、素晴らしい電力変換回路だということが言えます。

あらゆるところにインバーターが

身近な電気設備、例えば分電盤の中などを見ると、いたるところにブレーカーやスイッチがあるのに気づきます。これらの役割は電気的な事故が起こったときや電気機器をいっぺんに使い過ぎたときに、火災などを起こさないために電流を切るためのものです。

通常使う電流よりも数倍あるいは数十倍の電流が流れたときに、これは何かの異常であると判断してブレーカーが落ちるのです。

このメカニズムは流れる電流を特殊なコイルで磁石の力に変えて、機械的にスイッチを切るものです。したがって、大きな電流がある一定時間流れないとスイッチが切れません。すなわち、感電事故は、人体が感電して大きな電流を流さないとスイッチが切れない仕組みになっているということです。

現代技術をもってすれば、感電を感じないくらいの小さな電流が流れただけで高速にインバーターのゲート信号をストップさせて、感電事故を未然に防ぐことができるはずです。

漏電事故も被害が大きくならないうちに高速にインバーターの信号を止めることが可能で、漏電火災などを引き起こさずに済むはずです。

発電所や送電線の系統でも同じように大きな遮断器が入っていますが、やはりこちらも大電流が流れて初めて遮断器が動作して電流を切ることができるような仕組みになっています。

したがって、従来の仕組みではある程度の火災や損傷は免れることができないのです。

しかし、このブレーカーやスイッチ、あるいは遮断器の部分にBTB式のインバーターを使ってみてはどうでしょう。先程説明したように、デジタル信号を「1」から「0」に変えるだけで大電流が遮断されます。

電流の検出回路も高速ですので、大電流になるだいぶ前、つまり定格電流の2～3倍に達したあたりでデジタル信号を「0」にすれば、速やかに電流が遮断されます。

インバーターは数十マイクロ秒程度の速度で遮断することができます。従来のスイッチが数十ミリ秒から数秒で動作するのに対し、インバーターであればその千分一の速さで遮断できます。火災や損傷は起きず、感電や漏電による事故も起きないということです。

インバーターが安価になり、小型化すれば、あらゆるスイッチやブレーカーや遮断器がインバーター化されるでしょう。インバーターはコンピューターで制御されますので、分電盤は高級な電子機器のようなイメージに変わるでしょう。

電気事故で火花が飛び散るようなイメージは過去のものとなっていくでしょう。太陽光やミニ風力、燃料電池、蓄電池、電気自動車などすべてインバーターが必要ですから、分電盤や配電盤等いたるところにインバーターが使われる時代はそう遠くないと思われます。

取引記録（ログ）を取る

インバーターを使って発電や消費あるいは貯蔵の取引記録（ログと呼びます）を保存すれば、それはあたかも銀行通帳に入金や出金あるいは残高の記録を記帳しているかのようになります。

電力はそれだけで価値を持っていますので、電力取引のログを持つということは、お金の記録をとっているのと同じようなことをしていると考えていいでしょう。

インバーターが接続している発電装置や貯蔵装置は特定されますので、発電の種類が太陽光なのか風力なのか、燃料電池なのか識別することが可能です。発電と貯蔵を同時同量でタグ付けすれば、今貯蔵されている電気のうち、どれだけが太陽光で、どれだけが火力発電所で、どれだけが原子力発電所なのかということも区別できるようになります。もちろん、それがどこでできたものか、いつできたものかというようなことも全て区別できるようになります。

これらを電力のプロパティと呼ぶことにしましょう。

電力を取引する際には価格がつきますので、その価格もプロパティとして記録することにしましょう。また電力を取引する際には、やはり送電損失や変換損失が生じます。貯蔵する場合には、変換損失に加えて電池の内部損失が発生します。これらの損失は銀行通帳になぞらえて言えば、銀行の手数料に相当するものになります。

このような損失もログの中にしっかりと記録していく必要があります。

電力を発生する際には、他にも価値のあるものがあります。CO_2価値は、とても大きなものになると思います。世界中で温室効果ガスとして、CO_2の削減が求められており、削減部分をお金でやりとりしたり、CO_2を取引したりする市場が生まれています。

このような価値も電力プロパティとして記録していきましょう。

これらの記録は膨大なものになるように思われますが、例えば30分に1回すべての記録をデータ化して記録しても100バイトにもならないでしょう。1年間記録をとり続けても2MB（メガバイト）にも満たないものとなります。

みなさんのパソコンのメモリーは数十GB（ギガバイト）あるでしょうし、外付けハードディスクなどは数ＴＢ（テラバイト）あるでしょうから、２ＭＢはその百万分の１ぐらいの容量にしかありません。

このような電力プロパティを記録し、取引をしていくということは、電力取引において新しい価値を生み出します。

電力発生から消費までの捕捉

再エネのほとんどは電力を発生する時点でインバーターを必要としています。例えば太陽光は直流で発電しますので、交流系統につなぐためにはインバーターが必要です。

燃料電池も直流です。同じようにインバーターが必要です。

風力発電機は風速によって回転数が変化する発電機なので、直接交流系統につなぐときにはギアをつけて、なるべく商用周波数に近い回転数にしたり特殊な発電機を使ったりしています。しかし、徐々に制御性の高いインバーターを使うようになっています。ここでは、回転発電機からいったん直流を作って、そこから交流を作り出しますので、先ほど述べたＢＴＢの形のインバーターになります。

水力発電所や地熱発電所、バイオマス、バイオガスなどは誘導発電機というタイプのものが使われています。これらも制御性の良いＢＴＢ型インバーターによって系統接続する方が有利になってきます。

蓄電池や電気自動車などの貯蔵と発電を含めた装置も直流から交流を作りますので、インバーターが必要です。

このように電力発生の時点で発電源を特定したインバーターがますます増えていくことになると思われます。このインバーターのおかげで、電力発生の状況は個別にコンピューターにログ化されていくことが可能です。

消費地までの途中経路は、従来の基幹系統を使っている場合は補足しにくいのですが、途中にインバーターを使うようなケースや、いったん蓄電池に貯蔵するようなケースの場合は、途中経路の捕捉が可能です。

消費地そのものではどこからどれだけの電気を買うか、ということは今後、電力自由化の中で重要な要素となってきますので、消費のログをとることは必然となります。

ハード主体からソフト主体になる

ＩＰアドレスをつけてＢＴＢで同時に複数のインバーターを制御するとなると大変高価なものになってしまうように思われます。ただでさえインバーターは新しいものを作るのに半年から1年のオーダーの時間がかかります。また、大量に作らないとコストが下がりません。今のインバーターは職人芸で、少数の人たちがハードとソフトの様々な工夫を駆使して、より良いものを作っているという状況です。

用途ごとに違うハードウェアが設計され、さらに、これらのハードウェアには専用のソフトウェアが設計製作されます。

用途に応じて、仕様を決めて、設計し製作するのでとても時間がかかります。ハードウェアができてきてもノイズが大きかったり、熱が出過ぎたりという問題があったりして、作り直しも発生します。やっとハードウェアがいいものになったら、ソフトウェアを書き込んで動かしてみます。そうすると新たなスイッチや表示器が必要だということが分かったりして、また、ハードウェアを直さなければいけなくなったりします。ハードウェアがうまく動くようになってから、ソフトウェアの修正に時間をかけるようになります。

このようなプロセスをたどるので、従来の電力変換装置は、開発にとても時間がかかり、開発費用も高額のものとなっていました。

また大きな電力を扱うので、事故を起こしたりすると大問題になってしまいます。そのため、どうしてもリスクのある新技術の導入には躊躇せざるをえません。

古くてこなれた技術を使っていれば安心ですが、応用範囲が狭くチューニングのような操作が必要で、特定の条件で特定の使用方法にしか適応できません。

職人芸のような技術というものは非常に価値があるのですが、過去の例を見ると、やはり新しい技術にとって代わられざるを得ない、というのが現実です。

いくつか例を見てみましょう。

例えば、携帯電話について考えてみましょう。7、8年前まで日本ではガラケーと呼ばれる携帯電話が主流でしたし、外国でもブラックベリーやノキアなどの携帯電話が主流でした。しかし、今やｉＰｈｏｎｅとＡｎｄｒｏｉｄの2機種のスマートフォンが市場を席巻しています。様々な機能を実現するのはソフトウェアです。ソフトウェアにもＯＳ（オペレーティングシステム）とアプリ（アプリケーションソフトウェア）がありますが、ＯＳで基本機能を実現し、アプリで多様な顧客ニーズを満足させている、という機能分化が起こりました。

次に、コンピューターについて考えてみましょう。

2、30年前は、大型コンピューターと端末機の組み合わせだったものがミドルウェアコンピューター、デスクトップコンピューター、パーソナルコンピューターと変化してきました。

パーソナルコンピューターの手前までは様々な会社が様々なコンピューターを作り、ＯＳも独自性の高いものが多く、価格も非常に高いものでした。しかし、パーソナルコンピューターではＯＳがＷｉｎｄｏｗｓなどに統一され、ハードウェアはいくつかのパーツに分離されて標準化されました。おかげで自作パソコンというようなことも可能になり、ハードウェアは大変身近なものになりました。この過程で、ハードウェアの価格破壊が起こり、パソコンはまるで家電製品のように安価なものになったのです。

さてインバーターはというと、電力を取り扱うボードの上にマイコンという計算処理を行うチップや様々なアナログ部品が散りばめられていて、その部品に合わせてソフトウェアも各社各様のものになっています。

ちょうど、これはガラケーやミドルウェアコンピューターの時代と酷似しています。歴史に学ぶとすれば、インバーターもハードウェアとOSが分離され、多様な機能はアプリで実現するという時代が来るという認識をしておく必要があるでしょう。

プロトン開発

そこで、我々は「プロトン」という開発コード名で、ハードウェアとOSが分離した、新しいインバーターのプロトタイプを開発し始めました。プロトンとは、原子番号1の水素（H）から電子1個（e^-）を分離した陽子1個（H^+）です。電気を生み出す最も基本的な要素として、新しいインバーターの名前としました。

プロトンでは、想像していた以上にユニークで先進的な機能が生まれつつあります。

プロトンのハードウェアの基本構造は、双方向ハーフブリッジという回路デザインです。

通常、直流同士の電力変換はDC／DCコンバーターを、交流から直流を作る場合は整流器を、直流から交流を作る場合は、パワーコンディショナーと呼ばれる太陽光発電専用を、直流交流双方向の場合は、蓄電池用の充放電器を、使用用途に応じて設計製作します。

しかしプロトンでは､同じハードウェアで､DC／DCコンバーター等､多様な機能を実現します。それをソフトウェアのアプリケーションの変更だけで実現するために、従来のインバーターに比べて数百倍くらい速くデータをサンプリングして､数千倍くらい速い計算をしています。コンピューターの演算能力が高まるにつれ、サンプリングスピードも計算スピードもどんどん速くなっていくでしょう。

インバーターの制御スピードが上がると面白い世界が見えてきます。

交流と思っていたものも、高速で捉えると電圧の変化はほとんどありません。あたかも直流のように見えてきます。

そうなると難しかった交流制御理論は、簡単な直流制御理論におきかわり、非線形だった動きがあたかも線形の動きのように見えてきます
従来は電圧を調整しながら電流を確認するＰＷＭ（Pulse Width Modulation）制御というものが主流でした。

ＰＷＭ制御では、インバーターが作る平均電圧に対して、インバーターが接続する系統の電圧が少しでも高ければ、インバーター側から系統側に向かって電流が流れます。この電流を計測して、目標電流との誤差が小さくなるようにインバーターの作る平均電圧を調整するのがこの方式のやり方です。

一方、プロトンでは直接電流を制御してしまうヒステリシス制御を採用しています。これは高速な演算とサンプリングが可能になったからできることです。

ヒステリシス制御では目標電流を決めて、その値の上下にバンド幅を設け、上限を上回ったらスイッチを切り、下限を下回ったらスイッチを入れるというような非常にシンプルな電流直接制御アルゴリズムを使います。

電流値は、のこぎり形のようにギザギザの値になりますが、心配いりません。ハードウェア回路にはこの電流をきれいに平準化するフィルター回路がありますので、外に出力される電流は目標電流と同じきれいな波形が得られるのです。

このようにして、ヒステリシス操作によって参照電流と全く同じ大きさの電流をインバーターの交流側と直流側の間に流すことができます。

プロトン回路の中にあるコンデンサーに蓄積される電流を制御すれば、出力電圧をコントロールすることもできます。交流電圧であろうが、直流電圧であろうが自由自在です。つまり、太陽電池や蓄電池、あるいは燃料電池といった直流電源の変換器にもなるということです。もちろん、交流を供給する無停電電源装置や系統連系電源などにもなります。

プロトンは、同じハードウェアを使っているにもかかわらず、ソフトウェアのコードを書き換えるだけでさまざまな電力変換機能を実現することができます。

ハードウェアがワンパターンの回路デザインになると、価格は劇的に下がっていきます。微妙に異なるハードウェアに対しては、パッチ処理をするドライバーソフトで対応します。

基本的なOSは、共通のものになります。

つまり、インバーターがあたかもパソコンのような装置になって、もっともっと身近で、安全で、安価なものになるのです。

このような新しいアーキテクチャーの下で生まれるプロトンは、凄まじいまでのインバーターの価格破壊をもたらします。

インバーター価格破壊

インバーターは今までハードウェアとソフトウェアが一体化した開発が進められてきました。電力を扱うパワーボードの上にマイコンやアナログのチップが乗って配線や回路にも様々な工夫がなされていました。このような仕組みによって、多種多様な電力部品や電子部品の特性に合わせて効率の良いものが作られてきました。しかし、時間と費用とハードウェアのマンパワー、ソフトウェアのマンパワーが必要で、相互に絡み合った複雑な仕組みとなっていたのです。

インバーターがハードウェアとソフトウェアに分離されると、どのようなことが起こるでしょう。

過去の例を見るとスマホ型とパソコン型に分かれそうです。

スマホ型では、ハードウェアはｉＰｈｏｎｅのように同じ機種を大量に生産するようになります。

当然、この過程で生産者は価格支配力を持ちます。競争が生まれなければ1人勝ちですが、この状態に安住していると、他の新しい技術が生まれてきて、それにとって代わられてしまいます。したがって、ハードウェアの生産者はたゆみなく、価格低減の努力をしていかなければなりません。

パソコン型の場合は少し状況が違います。ＩＢＭがパソコンのインターフェースを公開し、たくさんの企業がパソコンの製造に参入しました。マウスを作る会社、キーボードを作る会社、ディスプレイを作る会社、ハードディスクを作る会社、メモリーを作る会社などなど多数の会社がそれぞれの業界に参入し熾烈な競争を続けました。これによって、パソコンは価格破壊を起こしました。つまりパーツに分かれて競争が起こったわけです。Ａｎｄｒｏｉｄはこの形態に近いかもしれません。

インバーターの場合、スマホ型とパソコン型のいずれかの経過を辿るのか、あるいは全く違う経過をたどるのか、まだ分かりません。しかし、大きく見るとスマホ型でもその中のパーツはいろいろな会社が競争をしているわけですから、パソコン型と同じ構図だとも言えるでしょう。したがって、ハードウェアとソフトウェアの分離がなされ、それぞれの分野で激しい競争が生まれ、価格破壊が起きるのは明らかでしょう。

既存の電源メーカーやインバーターメーカーは、新しい時代の波に翻弄されることになると思います。ハードウェアのメーカーは数が限られて行き、ソフトウェアの技術者は急速に増え、引く手あまたになるでしょう。

このようにしてインバーターの価格破壊は急速に進み、電力変換素子も新たなものが色々作られてくるようになるでしょう。この分野はまだまだ成長の余地があり、急進的なイノベーションが続いていくものと思われます。

半導体メモリーは、情報産業のコメであると言われますが、電力変換素子は電力産業のコメと言われるようになるでしょう。

第11章　電力パケットと商品化

IPアドレス付きデジタルグリッドルーター

コンピューターはネットワークとつながる時にＩＰ（Internet Protocol）アドレスという接続情報を持って接続機器を特定します。前章で紹介したプロトンのようなインバーターはデジタル信号で駆動されるので、コンピューターやインターネットとの相性がとても良く、そのアドレスにもＩＰアドレスを使うことが理想的です。ＩＰアドレスにはグローバルＩＰアドレスとローカルＩＰアドレスがありますが、グローバルＩＰアドレスを使えば、まるで機器が住所を持っているようにどのインバーターなのかが分かります。

ＩＰアドレスを付与したルーターが太陽光や燃料電池など発電源に接続していれば、どこで、いつ、どれだけの電気を発生しているかが分かり、すべての記録をコンピューターが記録することもできます。

同じように、ルーターが蓄電池に接続していれば、どこで、いつ、どれだけの電気を貯蔵し、放電したかが分かります。

ＩＰアドレスというのは、［168.152.0.1］のように数値で表す方法もありますが、これを［abe.pv.01@digitalgrid.org］のように、あたかもメールアドレスのような表現をすることもできます。［abe.pv.01@digitalgrid.org］の太陽光発電装置から、例えば［tanaka.battery.01@miyama-city.go.jp］のように、みやま市の田中さんの家の蓄電池01番に電気を送ることができます。現在のＩＰアドレスのつけ方はＩＰｖ４と呼ばれ、その番号が枯渇しかかっていますが、次世代のＩＰアドレスはＩＰｖ６と呼ばれ、ほとんど無限に番号を付けることができるようになります。

こうなると、まるで世界中のルーターを特定できるようになりますので、ルーター同士で電気を送り合うことができるようになります。

この仕組みは同じ時間に同じ量の電力を太陽光で発電し、蓄電池で貯蔵すれば、「同時同量」になるのです。もう少し詳しく次の章で説明しますが、今まで説明してきたように、現在の電力系統は発電と消費が常に同時に同量であることで周波数を維持してきています。したがって、新たに追加した発電と新たに追加した消費は、同時で同量であれば一対の組み合わせとして、その消費に直接その発電を送り込んだこととみなされるのです。

このようにして、ルーターがＩＰアドレスを持つことは電力を識別して特定のところに送り込んだり、特定のところから受け取ったり、というようなことが電力ネットワークを通じて自由自在にできる重要な要素となります。

最小単位の電力パケット

電力の取引単位として「電力パケット（パワーパケット）」というものを考えてみましょう。

パケットといえば、一般的にはコンピューターの通信でデータを一定のサイズに分割して送る手法で、それをパケット通信といい、分割された一つ一つのデータをパケットといいます。もともと小包という意味でした。

電力も今までは連続的な電気エネルギーの流れでしたが、大容量の電力変換素子や高性能な電力変換器の登場により、電力を一定のサイズに分割して送るということが可能になりました。

電力パケットは、送ってすぐに消費されるケースがほとんどでしょうが、電力貯蔵が安価になれば、いったん貯蔵するというケースも増えてくるでしょう。

電力パケットの単位は何も決まったものはありませんので、ここで独自に定義してみましょう。

1番分かりやすいのは次のような定義でしょう。

［1電力パケット（または、1パワーパケット）］

＝1キロワット×1時間

＝1キロワットアワー

30分間のパケット量が10パワーパケットであれば、それはそのまま10キロワットアワーを意味していますが、電力の大きさで言えば、０・５で割り戻して、20キロワット30分という事を意味していると解釈することになります。

10パワーパケット＝20キロワット×30分間

将来は15分単位での同時同量が義務付けられるようになると思います。その時は、15分で10パワーパケット取引したということは、４分の１時間で10キロワットアワーの電力量を取引したということですから、電力の大きさとしては40キロワット15分の出力だったということになります。

10パワーパケット＝40キロワット×15分間

さらに高速化すると、５分での取引とかも出てくるでしょう。５分で10パワーパケットを取引したら、12分の１時間ということですから、電力の大きさとしては、１２０キロワットの出力で５分間送電－受電したということになります。

10パワーパケット＝１２０キロワット×５分間

このように同じパワーパケットを送るにも、短時間になると大きなパワーが必要になります。基本単位時間を現行取引単位時間の30分に合わせるのが良いと思います。

多様なプロパティを持つ電力パケット

電力パケットは先に述べたように、電源を識別することができます。もちろん発生する電力の大きさ、発生した電力の積算値、その電力のCO_2価値、発生した時間、場所、ルーターの名前、端子のアドレス、所有者、契約した料金単価、損失など多様な要素を持っています。

これらを前章でも述べたように、電力のプロパティと呼ぶことにしました。

電力を取引する際の価格、送電損失や変換損失、貯蔵する場合の電池の内部損失などもプロパティの中にしっかりと記録していく必要があります。

CO_2価値も電力プロパティの重要な要素です。

このようにして生まれた電力プロパティは、1パワーパケットごとに特有のものにすることが可能です。データ量としてはそれほど大きくはないので、個別のパワーパケットごとのプロパティを設定できます。

また、数千、数万パワーパケットがほとんど同じプロパティを持っている場合、それらを一つのプロパティにまとめることも可能です。

このようなプロパティの把握は必ずしもルーターが行う必要はなく、分散型のサーバーが沢山のルーターからの情報を統合して管理するという方法が有効です。

電力パケットそのものは、ルーター端子のインバーターが電力変換技術を使って商用電力系統に電力を流し込んだり、逆に抜き出したりするわけですが、その行為をルーターに指令したり、ルーターが行った結果をログに記録して、クラウドサーバーにアップロードしたりするのは情報処理技術の役割です。

プロパティの項目やその内容は時代と共に変化したり、増減したりすることが考えられます。したがって、そのプロパティの作り方については工夫が必要だと思います。

メールを送るようにルーターで送電

これまで電力は、双方向のインバーターで発電源からは商用交流系統へ電力を送り込み、同時に双方向のインバーターで商用交流系統から別の場所で電力を引き出すということができるし、それができれば発電と消費の同時同量の原則によって、この電気は同じものだと認識する、と言ってきました。

しかし、実際に例えば青森から東京へ、メールのように相手を指定して電気を送るということが可能なのでしょうか？　読者の皆様はそんなことをしたら損失が大きくて、たぶん届かないんじゃないかとか、同時に送り出しと引き出しをやったとしても、それが同じものとは言えないんじゃないかとか思われたでしょう。

しかし、第二章の最後に述べたように、電気のエネルギーは瞬時に電力系統内を伝搬します。

つまり、周波数が維持されている電力ネットワークで、追加的に発電された電力と、追加的に引き出された電力は同時同量であれば、どれだけ離れていても瞬時に直接供給したとみなせるのです。

このしくみは現実に昔から多用されています。電力会社間で同じことをやっています。電力会社の管内に多数の卸売発電所があって、そこで発電された電気は、管内の電力会社だけではなく、他の地域の電力会社にも販売されています。光速並みの伝搬速度で、卸売発電所の電気は契約先の電力会社に直接届けられ、それに見合った料金を受け取るのです。

電力自由化で800を超える新電力会社が生まれましたが、これらの会社はすべて同様のことをやっています。新電力の地方発電所が都内の顧客に電気を送るという契約で、自分のところの料金で電気料金の徴収をしています。

地方の発電機の電気が本当に都内まで届いているのかというと、電気は瞬時にあらゆる発電場所の近傍の需要にマッチングし、地方の発電は都内の需要に直接届いているのです。。

CO_2価値もパケット化

太陽光発電や風力発電など再エネ発電は、それぞれに異なるCO_2価値を有しています。バイオ発電や地熱発電なども異なるCO_2価値を有しています。

従来型の火力発電や分散型内燃機関発電（ディーゼル発電等）も、燃料種別によって異なるCO

$_2$価値を有しています。

これらは30分ごとに新たな電力プロパティとして定義づけられ、取引の対象になります。電力パケットそのものとは分離して、これだけを取引することも可能です。CO_2価値のリアルタイム市場なども、電力プロパティを実現すれば夢ではなくなります。

将来は電力のリアルタイム市場よりもCO_2価値のリアルタイム市場の方が価格が高くなり、信用参入者はCO_2価値の市場をベースに取引を成立させ、電力パケットそのもののバランスについてはペナルティーを払うという選択も出てくるかもしれません。

このような市場においては電力の同時同量の原則が二の次になり、CO_2価値の取引に重点が置かれるかもしれません。それがあまりに行き過ぎると、電力系統の周波数問題や電圧問題が深刻な事態になりかねません。

このような将来の市場に対しても、デジタルグリッドの分散化されたセルと従来の基幹系統とが非同期に接続されたハイブリッド電力ネットワーク構造は、極めて柔軟で頑健な構造となります。

気象予想保険も商品化

再エネの発電需要予測はこのような市場において、適正価格で取引を成立させるために極めて重要な要素となります。しかし、発電予測が常に当たるとは限りませんので、外れた場合のことを考えて保険をかけるという選択肢も出てきます。

すでに気象保険は誕生しており、大規模な風力発電所を建設する際には、まずその地点の風況調査を1年程度かけて実施します。その結果をもとにプロジェクトの採算性を検討するのですが、予想通りの発電ができなかった場合に備えて、保険をかけるということが一般的になってきています。

現状では、この保険は長期契約であり、年間を通じて予想した発電量に満たなかった場合に収入を補填するために月々の契約料を払うというものです。

しかし上述のようなリアルタイム市場が普及してくると、30分おきの市場においても売りの注文を出したにもかかわらず、実際には風が十分吹かずに発電できなかった場合や、曇ってしまって発電できなかった場合などに備えて、短期の保険をかけるということも出てくるでしょう。

この市場はペナルティーのレベルとの関連が強く、いわゆる外部経済に依存した不安定な商品となりますが、それだけに様々なアイデアの商品が生まれてくると思われます。

発電だけではなく電力を購入している側でも同じような問題は発生しえます。

再エネを自家発として持っているような需要家は、思わぬ発電不足により追加的に電力を購入したり、逆の発電過剰などのために予定していた購入を取りやめたりしなければならないことがあります。この時に発生するペナルティーを補填する保険商品も開発されることでしょう。これらの取引や事故処理に人が介在すると、膨大な処理コストがかかってしまいます。

ＤＧＲや電力パケットが現実化するデジタルグリッドのような世界では、プレイヤーはルーターのような機械であり、すべての事務処理はコンピューターの中で行われなければなりません。

人間が介在するのは、処理する考え方や手順を決めることでしょう。実際に行うのはコンピューターです。これは最近流行のＦｉｎＴｅｃｈのスマートコントラクトに当たります。

派生するデリバティブ

このように電力が金融商品のようになってくると、デリバティブと言われる取引も発生してきます。デリバティブには大きく分けて、先物取引、オプション取引、スワップ取引の3種類があります。

電力そのものの取引は現物取引という物に当たりますが、数カ月先の再エネの変動に対してリスクヘッジする意味で、先物取引というものが生まれてくる可能性があります。価格や量を予約したりできるようになれば、商品の先物などと同じような扱いが可能になるでしょう。

先物取引が一定の量に達すると、再エネをサポートすべき火力発電や揚水発電などの予備力についても、よい影響が出てくるのではないかと考えられます。

一般的に先物相場は市場の安定性をもたらすものですので、変動の大きい再エネが大量に導入される時代にとって、うまく活用すればメリットのある手法だと考えます。このような制度設計については専門家たちの議論が重要ですが、何にもまして重要なのは、電力が識別できて自在にコントロールでき、系統に悪影響を与えない、という基盤技術の確立なのです。

キャパシティーマーケットと呼ばれるような予備発電設備の市場や、ネガワットと呼ばれるような緊急時の需要削減市場もデリバティブの一種として捉えることができるでしょう。

また再エネの価格について、高くなるか安くなるかどちらか一方についてはリスクをヘッジし、他方については大きな利益を目論むオプション取引も発生してくるでしょう。オプション取引は購入や売却の権利を確保しているということですので、価格次第では権利を放棄されることがあります。これも先物取引に似ていて、再エネをサポートする電源の収入源としても重要な要素があります。

スワップ取引は通常、外国為替の元金や金利の交換を行うことに使われますが、例えば風力発電設備と太陽光発電設備の将来生み出す価値まで含めたスワップ、などということも考えられるでしょう。

また、電力は識別可能な同質性を持つので、約定済みの電力取引同士を交換（スワップ）することも起きてくるでしょう。誰かが太陽光発電の取引を約定していて、別な人が火力発電の取引を約定しているような場合、顧客の要望や、CO_2価値の必要性などから、同量の電力パケットをスワップすることが可能になります。

金融で使われるスワップとは若干意味が違いますが、電力パケットを交換するという意味で、スワップと言っていいでしょう。

頭の体操になりますが、スワップできるということは、必ずしも送電線がつながっている必要はないのです。別系統や外国との間でも理論的には電力スワップは可能ですが、本題から離れてしまいますのでこの程度にとどめます。興味のある方は少し考えてみてください。

さて、デリバティブが適切に設計されることによって、電力市場はその規模を拡大し、電力系統そのものも安定化させていくことが可能になると思われます。

その点からも、現在の電力系統のように1カ所で事故が起こると、あらゆるところにその影響が波及していくシステムは脆弱過ぎると言えます。

デジタルグリッドのように、連鎖停電などが起こらない信頼性の高い電力系統で、電力パケット一つ一つが識別可能になり、その多様なプロパティを記録し、その情報を全体で共有できるような仕組みが、このような電力市場を実現するための鍵となるのです。

第12章 電力インターネット

LAN・WAN構成とデジタルグリッド

情報インターネットは、個人の家、オフィス、ビルなど狭い範囲をカバーするローカルエリアネットワーク（LAN）と、それらをインターネットにつなぐワイドエリアネットワーク（WAN）というような構造となっています。

他にも様々な定義がありますが、基本的にはこの2つで全体を網羅すると考えてもいいでしょう。インターネットにつながるコンピューターやスマホや情報機器などすべてが、それぞれを識別できるようにアドレスを割り当てられています。

最近では様々なセンサーやあらゆる電気機器、家電製品などにもアドレスを割り当てて、インターネット・オブ・シングス（IoT：Internet of Things）というようになってきました。データをインターネットに送り込んだり、逆にインターネットからデータを取り込んだりするときには、情報ルートを切り替えたりするためのルーターという機器が使われます。

デジタルグリッドも似たようなネットワーク構造をとります。基幹送電線や高圧配電網などがW

ANに当たり、低圧配電網がLANに当ります。個人の家、オフィス、ビルなど狭い範囲をカバーするのがLANということになりますので、情報のインターネットと電力系統のデジタルグリッド構造は非常に似ています。

これが、デジタルグリッドを電力のインターネットと呼ぶ理由の一つです。

現在の電力系統をこのように変更していくのには大改造が必要ではないか、そもそも夢物語なのではないか、というような意見もありますが、実際にはそうではありません。

現在の電力系統も、あちこちにある変電所で遮断器というスイッチを使って電力をルーティングしています。もっともこれは、一方向のスイッチでルーターのように電力量をコントロールしたり、方向を変えたり、複数の方向に電力を流したりというようなことはできません。

デジタルグリッドでは、このスイッチをDGRに変えることにより、電力量をコントロールしたり、方向を変えたり、といったことができるようになるのです。従って、現在の電力系統を根本的に入れ替えるようなものではありません。

デジタルグリッドにつながる発電機やインバーターなどは、すべてが識別できるようにアドレスを割り当てられます。

電力を系統に送り込んだり、逆に系統から電力を取り出したりする際に、電力の流れるルートを切り替えるためのDGRが必要となります。電力は情報と違って逆方向の流れは差し引きされ、正味（ネット）の電力だけが流れます。しかし、送電手数料などの課金は、それぞれの電力の方向ごとに課金したりすることができます。つまり全体（グロス）で取り扱うことができるということが言えます。これはとても面白い電力特有の性質で、グロスの取り扱いができるのに、実際の取引負担はネットだけ考えればいいということになります。

どれだけの電力をどこへ送ったかとか、どこからもらったかといった電力情報を、電力を送る送配電線を使って、電力とともに送る電力線搬送（Power Line Carrier：ＰＬＣ）という技術もあるのですが、かなりハードルが高く、現実的ではありません。

そこで電力そのものの流れとは別に、通常のインターネット回線を使って電力情報をやり取りする、ということが考えられます。

デジタルグリッドではこのように、電力のインターネットと情報のインターネットとを組み合わせて電力のやり取りを行い、そのデータを把握しているのです。

サービスプロバイダーの台頭

このようにして電力を識別し、コントロールし、取引を実現するには、このようなシステムを提供し、運営する役割が必要です。

デジタルグリッドでは、このような役割をする事業体をサービスプロバイダーと呼ぶことにしています。

サービスプロバイダーに最も近い業態を持っているのは電力会社です。電力系統の運用にも長けており、さまざまな制約やそれを解消するノウハウや人材の豊富さにおいては抜きんでたものがあります。

電力会社が現在のビジネスモデルに危機感を持ち、新しい情報と電力の融合したインターネット型電力系統の建設と運用に乗り出せば、最もパワフルなサービスプロバイダーとなるでしょう。

しかし残念ながら、クリステンセンの「イノベーションのジレンマ」[41]で明らかにされたように、優良な大企業であればあるほど合理的な判断を下し、それによれば、現在のビジネスモデルをより洗練された利益率の高いものにしていくことが、最も正しい選択肢であるということになります。そして不確実性の高い、市場規模も全く想定できない異質なビジネスには手を出さないという判断がなされます。場合によっては、そのような異質なビジネスが台頭してきた段階で、それを潰すということが自分たちを守る最もよい道だということになります。

検討に検討を重ねた結果、本業を効率化することが最善の策だという結論になってしまうのです。

クリステンセンは様々な実例をあげて、このようなイノベーションに関する悩ましいメカニズムを解き明かしました。

したがって、電力会社がサービスプロバイダーに乗り出すことは考えにくく、例えば、ガス会社、あるいは通信事業会社、さらに考えられるのは、証券会社などの異業種の方が、可能性が高いと思われます。

もし電力会社が実施するという場合には、ちょうどNTTが、NTTドコモを作った時のように、完全に別の組織にするしかないでしょう。

実際には識別した電力をタグ付けし、発電と消費を同時に同量で決済しなければならないので、株式取引と同じようなソフトウェアの開発が必要になります。これはベンチャー企業のようなスピードの速い企業の参画が重要となります。

このようなソフトウェアをいち早く取り入れた企業が、サービスプロバイダーとして実績を積んでいくことになるでしょう。

30分ごとに変貌する取引市場

現在、日本の電力の取引市場として稼働しているのは一般社団法人日本卸電力取引所（JEPX）[42]のみです。これは電力会社、ガス会社、石油会社など21社が共同で設立した非営利法人です。この法人は電気事業法第97条第1項に定められた卸電力取引所にあたります。

電力の取引をするには、前日の午後5時までに30分おきの電力の売りと買い、そしてその量、価格等をエクセルなどの表形式にしたり、直接入力したりして、翌日のスポット市場に発注をかけます。注文は時間帯ごとに価格と量のカーブを作って入札するのが一般的なようです。

JEPXでは30分ごとに約定予定価格とボリュームを計算します。株式であればそのまま全てが約定しますが、電力の場合はそうはいきません。

まず、すべての売りと買いの電力を実名ベースでペアリングする必要があります。これを電力のタグ付けといいます。誰が発電した電気を誰が購入するのか細かくペアを作っていきます。これは電力を識別して、売り手から買い手にその電力を直送しているということに他なりません。

このようなことをしなければいけない理由は、翌日のその時間帯に売り手と買い手のどちらかが決済を実行できなかった場合に備えるためです。もしどちらかが発電できなかったとか、消費できなかったという場合は、その2者間で別途清算してもらいます。タグ付けをしておかないと、誰かが発電できなかった場合、JEPXが間に立って調達したり、清算を代行したりしなければなりません。

タグ付けにはもう一つ別な理由もあります。

売り手と買い手をタグ付けがうまくいっても、送電線の容量が不足して実際の送電ができない場合があります。それを検証するために事前に電力系統利用協議会（ESCJ）で送電線の空き容量のチェックをしてもらいます。空き容量がない場合、タグ付けはやり直しとなります。場合によっては市場を二つに分けることもあります。電力自由化のプロセスの中でESCJの業務は電力広域的運営推進機関（OCCTO）[43]に移管されました。

このように電力の取引は実際の送電可能性を加味して決めなければいけないという難しさがあります。

JEPXのスポット市場の状況はWEBページ[44]で見ることができます。

電力が識別されるようになると、スポット市場は電力種別ごとに作られるようになるかもしれません。また、CO_2価値の取引なども別なスポット市場になるかもしれません。このように識別されるということは、多様な価値を生み出すことになるのです。また世界では30分の取引ではなく、15分での取引というところや5分毎の取引というところすら出てきています。

今までの電力市場の考え方やソフトウェアでは対応できなくなっていくと思われます。

新たなルート形成としての自営線

戦後、日本では全国くまなく速やかに送配電網を整備するために、地域ごとに一般電気事業者に独占を認めました。その結果、需要家に対する重複配電がなくなり、整備コストを低減することができました。その名残で、需要家に電力を送るルートは原則一需要家一受電となっています。これは電力会社の供給約款という契約文書に書かれたルールです。

この原則には、次のようなメリットがあります。

(1) 1つの需要家に対する電力測定箇所が1カ所で済むので、課金が複雑にならない。

(2) 電力自由化が始まっても、すべての発電事業者が電力会社の配電線1回線によって需要家に供給されるので託送料金の取りはぐれがない。

(3) 事故が起こったとき需要家に供給している回線さえ切れば電力を供給しているルートがなくなるので、修理の際の作業安全が確保される。

しかし、需要家にまんべんなく送配電網を整備するという目的はすでに達成されました。次の目標は、以下のようなデメリットを解消することです。

(1) 停電が起こるとバックアップルートがないので、電力会社による復旧作業を待つ以外に電気を供給する手段がない。

(2) 電力自由化になって発電業者は選択できるようになったが、電気代の約3分の1を占める託送料金については他の選択肢がない。

(3) 地域特有の再エネ資源による発電を直接受け取る選択肢が閉ざされてしまう。

デメリットの3項目を見ると、今年から電力自由化される割にはこのあたりの法整備が十分なされていないという印象を受けますね。電力会社が自分の持っている配電線を他の人に貸し出して利用料をとっているだけに見えます。実際、自由化メニューを消費者に提案してくる電力小売り事業者のほとんどが、その電源を10電力会社に頼っています。

このように自由化と言いながら、新たな課題への対応が制限されているため、サービス提供側の技術開発やサービス競争は限定的とならざるを得ません。

阪神淡路大震災、東日本大震災、熊本地震など様々な災害体験をしてきて、電力が水道、ガスなどよりも早く、数日で復旧することを知っています。しかし、これは逆に言うと需要家の近くでは電気設備に問題がないということを意味しています。

電力系統は上流側で1カ所でも問題があれば、下流はすべて停電せざるをえません。災害に強いまちづくりを目指すのであれば、電力のバックアップルートにあたる自営線をビジネスベースで作り、需要家にサービスを提供することが可能になるための法整備を行うべきだと思います。

これは実は電力会社にとっても非常に大きな事業機会となります。

前の章で電力会社の新しいビジネスモデルとして、アセットを他の事業者に保有してもらって、それを利用したサービス事業を主力事業に変えていくということを提案しました。

自営線を他の事業者や自治体に設置保有してもらい、複数の需要家を二重受電構造にします。自営線も、再エネ電源や燃料電池も、第三者に持たせてそれらを有効に活用するシステムを電力会社が構築し、サービス事業で利益を上げます。

さらにその成果として、従来の配電網の新たな投資を抑制するというようなことが可能になり、そこでも利益を上げることができます。

既存の送配電網と自営線網のハイブリッド構造は、電力システムを強靭にし、柔軟性を高め、いざというときの安全性を担保します。

この構造は再エネを大量に導入する電力システムとして、必要かつ不可欠なものになっていくと考えています。

バッファーとしての蓄電池

情報のインターネットでは、情報が様々なルートを通じながら、最終的に目的地にたどり着くという仕組みの中で、情報の欠損がないようメモリーを使っています。

電力のインターネット、すなわちデジタルグリッドにおいても、DGRにメモリーの代わりにバッファーとしての蓄電池が必要になってくるでしょう。

Aさんから Bさんに太陽光発電の電力を送ろうとした場合、Bさんにそれを受け取るための十分な需要がない場合があります。このような場合、Aさんから Cさん、Dさん、Eさんなどたくさんの需要家の DGRに少しずつの電力パケットとして電力を送り、それぞれのルーターでバッファーに一時的に蓄え、Bさんの受け入れ準備が整った時点で、C、D、Eさん達から順番に電力を送ってもらう、というようなことが可能になるでしょう。

バッファーは必要最小限の容量で十分です。セルの自立可能性はあくまで発電機で行うべきです。電池を使うとするとあまりにも大きな容量が必要になります。

8000万件の低圧需要家が1キロワットアワーのバッファーを持つだけで2000万キロワットの電力が4時間程度、一時的に蓄えられたり、あるいは放出されたりすることが可能となります。

これは電力需給バランスを制御するために使うものではありません。

電池はあくまでもビジネスとして利益を生み出すために使わなければなりません。そのためにはDGRに直結して電力の融通、販売、買い取り、といった際の一時的な倉庫として活用すべきでしょう。

もちろん電池の価格が安くなってくれば制御用として使うことが可能になります。では、どのくらいのレベルの価格になれば電力系統に導入することができるようになるでしょう。

電池は現在の技術では最大でも5000回ぐらいの充放電が限界と言われています。電池の単価が10万円／キロワットアワーとすると、単純な計算ですが、1回の充放電あたり20円／キロワットアワーにあたります。この分が、電気の価格に上乗せされると考えるととてもビジネスでは使えません。少なくとも充放電回数はこの数倍は必要でしょう。

電池の寿命は電極の化学反応の繰り返しにより、金属の形状が丸みを帯び始め表面積が小さくなることが大きな原因の一つです。電極の材質研究が今後大きなカギを握るでしょう。

また大きなバッファーとして揚水発電所を使うこともとても重要と考えます。第4章や第7章で述べたように、この活用は再エネの普及拡大において、最も重要な鍵となるでしょう。

情報インターネットとの本質的な違い

デジタルグリッドは情報のインターネットとよく似ているところがあり、電力に詳しい人からは次のような指摘を受けることがあります。

（1）情報のインターネットでは、情報の欠損やエラーなどがあっても致命的な問題にはならず、最善を尽くすという意味のベストエフォートが許容されている。しかし電力の場合、欠損やエラーに相当することが起こると、大事故や大停電につながり、社会問題となりかねない。

（2）情報のインターネットでは、ハッキング等が日常茶飯事に行われており、セキュリティーの問題は深刻化しているが、電力においても同じようなことが起こると我々の経済基盤そのものに大打撃を与えることがあり得る。

（3）情報のインターネットでは、日々取り扱う情報量が増大して市場規模も拡大しているが、電力においては消費する電力量が限られているので、市場規模は拡大しない。

これらの指摘はとても重要なことですが、これを克服できれば電力の世界は大きく変わります。これまで見てきたように、デジタルグリッドでは、電力の欠損に相当することが起これば、基幹系統から速やかに切り離し、バックアップルートから瞬時に電力を融通し、セル内は何事もなく電力を供給し続けます。エラーに相当することが起これば、高速に検出し異常のある部分を切り離します。何が起きてもセルは自立して電力を供給し続ける分散型制御の仕組みとなるのです。つまり、全体で信頼性を確保していた大域的なシステムから、部分的に信頼性を確保したシステムの集合体に変化していくのです。

また、セキュリティーの問題はとても重要ですが、これについては後の章で述べるブロックチェーンのような、全体で認証する仕組みが役に立つだろうと考えています。

市場規模についても、従来のように発電して消費するという一方向の流れでは、日本の電力市場は年間約20兆円の売り上げしかありませんが、これを売ったり買ったり貯蔵したり識別することによって、プレミアムをつけたりというような市場が生まれてくるでしょう。電力に付随する二次的なマーケットやCO_2価値の取引のような政策的なマーケットなど、市場拡大の要素は非常に大きいものがあると思われます。

情報のインターネットの場合は、情報アップロードと情報ダウンロードは衝突しないように制御されますし、その内容は全く別のものになります。

しかし、電力のインターネットにおいては、電力系統から電気を受け取る事をダウンロード、需要家が自分の発電設備で発電した電気を系統に送り込む事をアップロードと言い換えてみると、電力アップロードと電力ダウンロードは相殺され、差し引き分の電力のみがアップロードかダウンロードされるという特徴があります。

これは、情報とはかなり異質な特徴であって、むしろATMでお金を送金する、あるいはお金を受け取る、といった行為によく似ています。情報と電力のインターネットはまさしくこの点で、本質的な違いがあると言うことができます。

ＡＴＭで送金することとの類似性

私たちは銀行のＡＴＭでお金を送金することを当たり前のようにやっていますが、ＡＴＭに入れた皆さんの現金は指定した口座のある銀行に届いているのでしょうか?

ＡＴＭでは送金先の口座番号を入力して、名前を確認し、現金を投入して送金ボタンを押します。あなたがＡＴＭに入れたお金に印を付けていたなら、そのお金はＡＴＭの中に保管されてどこにも出ていかないことが分かるでしょう。現金輸送車で送金先の人のところに届けるなどということはないわけです。

あなたが送金した先の人は、最寄りのＡＴＭで自分の口座に振り込まれたあなたのお金を引き出して持ち帰ります。そのお金にはあなたがつけた印はありません。しかし、間違いなくあなたがその人に送金したお金ということができます。それは信頼の置ける第三者、すなわち銀行が担保してくれているからです。

あなたがＡＴＭにお金を投入した時点でお金はあなたから離れ、いったん銀行にその価値が移されます。あなたは銀行に対し送金先を指定して、その価値を送金先の人に移すように依頼します。送金先の人は銀行からその価値を引き出します。

ここではリアルな紙幣が移動する必要はなく、価値を移すやり方について小さな契約を複数結んだ信用取引になっているのです。銀行はそれをサポートするシステムです。

電力システムでも同じことができます。

あなたが太陽光発電を行い、発生した電力を電力システムに送り込みます。あなたはその電力の送電先の人を指定して、その電力をその人に移転するよう依頼します。送電先の人は電力システムから移転された電力を引き出します。

ここでもリアルな電力が実際に移動する必要がなく、価値を移すやり方について小さな契約を複数結べば良いわけです。ただし、この時電力システムは電力の出し入れをするプールのようなものになっており、電力の移転をサポートするシステムは必ずしも電力会社のシステムである必要はなく、例えば新電力事業者でも良いわけです。さらには新しいタイプのＷＥＢ上のアプリケーションでも良いのです。

電力の場合、お金と違うのは、貯蔵することができないということです。したがって、送電と引き出しは同時同量でなければいけません。これが何度も言ってきた電力制約というものです。しかし、この電力制約をデジタルグリッドのような仕組みで解き放てば、お金と同じように取り扱いができます。

しかし、電力においては日常的に発電と消費が行われており、その取引量も膨大です。電力会社や新電力事業者といった組織は、このような大量のお金の取引には向いていません。30分ごとに発生する取引を正確に金銭決済するには信頼の置ける第三者が必要になります。しかし、銀行のような組織が行うにしても、そのコストも小さいものではすまないでしょう。

P2P型電力ネットワーク

情報システムだけではなく、現在の電力システムそのものも、大規模な発電所をサーバーとみなし、需要家をクライアントと見なすと、情報システムのクライアントサーバーシステムととても良く似た構成であると言えます。

発電所からの電力潮流をスムーズに需要家に送るためには、このクライアントサーバー的な電力系統の構成はとても効率的です。しかし、前項の課金情報システムと同じように、いったんどこかに故障が発生すると、広範囲にその影響が及んで停電が発生する、というような脆弱性を持っています。

一方、このクライアントサーバーネットワークに対するものがピアツーピアネットワーク（Peer to Peer：P2P）です。P2Pは各ピアがデータを保持し、他のピアに対して対等にデータの提供及び要求アクセスを行う分散型のネットワークモデルです。クライアントサーバーシステムに対比して、サーバーのトラフィック集中を避けることができ、単一障害点がないなどのメリットがあります。

P2Pを電力ネットワークに当てはめると、まさしくデジタルグリッドの形になります。情報ネットワークにおけるピアはデジタルグリッドにおけるセルです。セル同士で電力を交換しあったり、サポートし合ったりすることで電力系統を維持し、大規模発電所に負荷が集中しません。

再エネの増加は需要の予測を困難にし、変動の振れ幅をかってなかったほどに大きくしています。脆弱な部分を強化するために、送電線の増強が必要であると言われます。また、再エネを調整するために蓄電池を大量に導入すべきだとも言われます。

クライアントサーバー型の電力システムでは、再エネ大量導入時代において、電力システムの信頼性を高め、停電時間を極力短くしていくのには、膨大なコストがかかるでしょう。コストをかけても完璧なものにはなりません。それがこのシステムの宿命です。

一方、デジタルグリッドは、基幹電力系統の信頼性を求めません。

基幹系統がダウンしてもいいのです。接続しているセルは自立可能ですから、基幹系統が停電しても、短時間であればセル内の電力供給には支障がありません。自由に基幹系統から離脱したり復帰したりできます。

電圧や周波数の維持も今までほど精緻である必要はありません。

変電所の配電用遮断器をＤＧＲに置き換えていくだけで、既存の配電網がセル化されます。

セルの中にも商業施設や工業団地、学校、ビル、病院、家庭などが小さなセルとなって存在できます。どのくらいの時間の蓄電池を置くかとか、どのくらいの容量の自家発を置くか、セルの全部を自立させるのか、一部だけでいいかなどについては、それぞれのセルがビジネスベースで考えればいいことです。

蓄電池や自家発、再エネ発電装置の値段や占有スペースなどの制約もあるでしょう。

セル内の自家発電源については、通常の家電製品以上の競争市場が生まれるでしょう。セルが自分自身で自立できる設備を持たなくても、セル同士をつなぐ簡単な自営線で、必要なときに電力を低コストで融通してもらった方が合理的かもしれません。

このようなメイングリッドと自立可能なセルグリッド、さらには自営線ネットワークなどの共存による、新しい電力ネットワークがデジタルグリッドです。

ベストエフォートな電力システム

従来の電力システムは、信頼性の向上に全力をあげ、膨大な設備投資をしてきました。それには莫大な資金が必要でした。

それに対しデジタルグリッドはその発想を逆転させています。停電してもいいという前提でグリッドが構成されます。

これも情報通信システムになぞらえると、ベストエフォートの電力供給システムと言っていいでしょう。ベストエフォートとは通信システムで言えば、最大限の努力を行うけれど、目標の性能に達しないこともあり得る、というような意味合いの言葉になります。インターネットの出始めでは通信の信頼性が万全ではなく、このベストエフォートという言葉が多用されて言い訳のように使われていました。

しかし、このように信頼性のハードルを下げることによって、インターネットは大いなる成長を遂げました。

電力システムにおいても、基幹系統をベストエフォートと位置付ければ、電力供給の信頼性のハードルが下がり、再エネをふんだんに取り込んだ自立可能なセルが急速に普及し始めるでしょう。

デジタルグリッドの構成要素であるセル自身が、自立可能性を持っているので、基幹系統であちこち停電が起こったり、工事が始まったりしてもセル内で停電するところはないのです。何百万、何千万もの自立可能なセルが何らかの理由で同時にダウンしない限り、基幹系統は維持されます。もちろんこれほどの数のセルが同時にダウンすることなどあり得ません。セルという言葉は細胞という意味の英語です。無数のセルが集まって1つの体を作るように、個々のセルは弱くても全体としてとても強靭でしなやかなものになるのです。

デジタルグリッドは従来の基幹電力系統の負担を驚くほど軽減させ、コスト削減をもたらします。それでいて、いつの間にか停電時間ゼロを実現してしまいます。

低圧需要家だけで7770万件の需要家がいます（9電力計、2015年度）。平均2キロワットの発電機を持てば、1億5540万キロワットとなり、日本の最大電力需要とほぼ等しくなります。

高圧と特別高圧で702万件の需要家がいます（9電力計、2015年度）。平均22キロワットの発電機を持つだけで、日本の最大電力需要とほぼ等しくなります。

全需要家で分担すれば、低圧需要家が平均1キロワット、高圧、特別高圧需要家が平均11キロワットの発電機を持つだけで、日本の電力需要がまかなえるということになります。

もちろん、現在ある発電所を有効に活用すべきですが、延々と送電線を使って運んでいくのか、地元で再エネ中心に、ガスや石油で発電するのかはビジネスの問題です。自由競争になるべきでしょう。系統の電気と自家発の電気を同時に受電でき、任意の割合で使用できる仕組みがＤＧＲの非同期連系技術です。

仮にこれだけの自立可能なセルがあれば、セル内でほとんど地産地消するということになりますので、送配電網の負担は大幅に軽減されます。もっともビジネスベースでは、系統電源に供給のほとんどを頼るセルも多くなるでしょう。短時間の自立ができれば十分なのですから。

例え話で言うと、従来の電力システムが親である発電機群に、たくさんの子供に相当する需要家がぶら下がり、電気を供給してもらっていたという時代から、子供達の一部が成長し、自立し、大人になって、親を支え、親の負担を大幅に軽減するようになるのというのがデジタルグリッドのイメージです。

[40] http://www.energychord.com/children/energy/pe/inv/contents/inv_aamain.html

[41] クライトン・クリステンセン「イノベーションのジレンマ」、翔泳社

[42] http://www.jepx.org/

[43] https://ja.wikipedia.org/wiki/電力広域的運営推進機関

[44] http://www.jepx.org/market/index.html

第四部

エネルギー主体の経済

第13章 生産者から消費者へのパワーシフト

フルコースメニューとアラカルト

今まで電力会社の電力というのはまるでレストランに入って選べる食事がフルコース1種類しか無いかのようなものでした。フルコースの内容は立派です。食事の名前は「ベスト・ミックス」です。食材は原子力、石炭火力、ガスコンバインド、石油火力、水力発電、揚水発電、風力発電、太陽光発電など全てがバランスよくミックスされた電気です。価格も定まっていて交渉の余地はありません。

お客さんが、アラカルトでガスコンバインドと水力を少しずつというような注文をしたとしても受け付けてもらえません。

石炭火力はいらないとか、原子力発電はいらないとかいうわがままは許されません。これがベスト・ミックスなのですと、説き伏せられるのが落ちでした。

電力会社以外にも地方自治体の公営水力や共同火力などの電源がありましたが、これらが地元の顧客に提供されるかというとそれはできずに、いったんベスト・ミックスの中に取り込まれてしまいます。地元で発電しても受け取るのは、すべてほかの電源とミックスしたものでしかありませんでした。

しかし、これから電力自由化が進むと、ときにはアラカルトメニューも選べるようになります。地元で作った素材を地元で食べるのと同じように、地元で発電した電力が近隣で消費できるようになるでしょう。価格もまちまちとなり、競争も生まれてきます。同じ発電方式でもさまざまな特色を競い合うようになります。新発電技術の技術開発も促進されるでしょう。

アラカルトが注文できるようになると、さまざまなレストランができ、さまざまな料理が生まれてくることが想像できますね。

電気の世界でも、素材の電気だけではなく、それで作った製品なども多様なものが生まれてくるでしょう。

消費者の選択が電源構成を変える

それらの商品を供給者がさまざまなセットメニューにしたり、様々な料金体系と組み合わせて提供したりするというのが従来のイメージでした。

あくまでも生産者側の必要性に合わせて提供するという考え方です。

しかし、インターネットの普及した現代においてはかなり様相が違います。

消費者自身が簡単に供給先や電源の種別を変更するということができるようになりました。消費者が強い選択肢を持つことになるのです。

また消費者ニーズを取りまとめるサービスプロバイダーという事業についても、前の章で述べた通り大いに普及してくるでしょう。

電源構成や電力システムについて、あるいは補助金の制度について、政府が案を作り、パブリックコメントを求めるというような仕組みは、今まで非常によく機能していました。

しかし、これからは消費者の直接の選択ということが市場を決定するでしょう。

さらには電源構成すら決定していくことになるでしょう。

アラカルトメニューが選べるということは、小さな変化のようでいて劇的な変化をもたらすのです。

計画経済から自由市場へのシフトがはじまる

今までの電力会社は、地域独占でしたから、長期的な計画経済を遂行していくだけで経営は安定していました。

地域と言っても関東とか関西とか中部地方とか、非常に大きな地域でレストランがたった1軒しかないという状態だったわけです。他に競争相手がいないのですから、メニューはたった一種類でもよかったわけです。このような状況下では、レストランの経営者という立場はとても安泰でした。食材の開発はじっくりと時間をかけて計画的に行うことができました。

顧客の見通し、料金設定、銀行借り入れ等すべての要素について、長期計画を立てて損が発生しないようにじっくり検討することができたわけです。

このような事業運営は、計画経済型であったと言うことができるでしょう。

しかし、時代は大きく変わりつつあります。電力自由化は実は既に20年のリードタイムがあります。爆発的な変化が起こり始めてもおかしくありません。

１９９５年に電気事業法改正があり、最初の電力自由化が始まりました。ここで、独立系の発電事業者が卸売り電力事業に参加することができるようになりました。

１９９９年には小売り自由化の第一ステップが始まりました。２０００キロワット以上の需要家である特別高圧需要家という顧客層に、特定規模電気事業者（ＰＰＳ：Power Producer and Supplier）が電力を自由に供給できるようになったのです。

２００３年には高圧需要家という顧客層への小売り自由化が認められました。特別高圧と高圧の需要家を合わせて市場規模はおよそ12兆円と言われています。自由化前は8兆円程度と言われていましたので、自由化後に市場が拡大したと言うことができるでしょう。

そしていよいよ２０１６年4月から、最後に残った50キロワット以下の低圧需要家という顧客層が小売り自由化の対象となりました。これですべての需要家が小売り自由化の対象になったのです。

低圧需要家の市場規模は、現時点でおよそ7・5兆円と言われていますが、この市場もすぐに大きな規模になることでしょう。

自由化市場では様々なアラカルトメニューが提案されます。価格も千差万別です。電力会社の数も大きく増えています。

皆さんご存知の東京電力や関西電力という大きな電力会社に加えて、新電力という電気事業者が誕生しています[45]。巻末の参考資料のウェブページ[46]をインターネットで見ていただくと、経済産業省資源エネルギー庁の各種統計情報（電力関連）という画面を見ることができます。このうち、発電所数・出力と言うエクセル表を開いてみてください。そこには北海道電力、東北電力、東京電力系列4社、中部電力など従来の電力会社に加えて、Fパワー、イーレックス、エネットなど、たくさんの電力会社がリスト化されています。

この本の執筆時点で538社となっています。日本の電力会社がこれだけ増えたという事実を皆さんはどう見るでしょう。

また小売り電気事業者という電力の小売りを行う電気事業者はすでに318事業者、送配電を行う事業者も16社も誕生しました[47]。

レストランの数ももちろん、メニューも価格もバラエティーに富んだものになったというわけです。

自家発の台頭

これは凄いことになった、電力の世界は激変するのだろうか、と思われる方も多いでしょう。これはある意味ではその通りと言うこともできますし、またある意味ではそうでもないと言うこともできます。

同じエクセル表の合計出力欄を見てください。

単純合計で2億6547万キロワットの発電設備が存在しています。

日本の最大需要は1億6000万キロワット程度ですので、それよりも1億キロワットも多い発電設備が既に存在してしまっているということになります。15パーセントくらいの予備力が必要と言われますが、この状態は40パーセントくらいの予備力に相当しています。

これは明らかに過当競争です。

純粋な意味での自由競争市場であれば、これらの設備は淘汰されていき、数多くの会社が倒産したり、吸収合併されたりしていくことが予想されます。

しかし、必ずしもそうなるとは限りません。なぜならば、ほんとうの自由競争市場にはなっていないからです。

たくさんの電力会社が新しく誕生しましたが、それらは従来の電力会社を小さく分けた程度の変化しか生み出していないようです。どの会社のホームページを見ても、自分達で発電所を運営し、

	平成18年3月末	平成28年3月末
自家発全体（万キロワット）	3922	6035
内）火力発電所	3656	4780
水力発電所	169	420
新エネ	93	830

安くて信頼性のおける電源をお客様に供給しますというような説明になっています。これでは従来の電力会社のサービスと何ら変わりません。

すべての新電力が、既存の電力会社の送配電網を使って、そこに接続された顧客に電気を送り届けるというサービスなのですから変えようがないのです。

ある意味で、みな「仲良しクラブ」にならざるを得ないのです。

従って、それほど大きな激震が起こるとは思えません。

本当の激震の震源は別のところにあります。

現在の電力業界がカウントしていない潜在的な競争相手がいます。レストランの例えで言えば、それは「家庭料理」の存在です。

つまり、自家発の存在なのです。

1発電所の最大出力が1000キロワット以上のものだけを集めた統計資料[48]によると、自家発の増加は上の表のようになっています。

10年間で自家発は、2100万キロワットも増え、火力発電所は1・3倍に、水力発電所は2・5倍に増えました。新エネは量はまだ火力の20パーセント程度しかありませんが、9倍に増加しています。自家発は発生している電力のほとんどを自家消費しています。近年最大電力も減り、電力消費量も年々少なくなってきていますが、その理由の1つに、自家発の増大があるのかもしれません。そうだとすると、日本の最大需要が本当はいくらなのか分からなくなってしまいます。電力会社の発電の最大実績は約1億6000万キロワットですが、そのとき自家発6000万キロワットが運転していたとすれば、実際には2億2000万キロワットの需要があったと考えるべきかもしれません。

この自家発統計は1000キロワット以上の発電機を対象にしていますが、それ以下の自家発もかなりの量があると推定されます。

家庭の屋根についている太陽光発電はその一つです。エネファームのような家庭用燃料電池発電もそうです。工場の自家用ディーゼル発電機やガスエンジン発電機もそうです。これらはまだ大きな数字になって現れていません。

しかし、自由化されたばかりの低圧電力市場の消費者が自家発を持ったら、どのくらいのインパクトがあるのでしょう?

低圧市場の契約件数は約8000万件ありますので、単純計算で各消費者が2キロワットの自家発を行えば、日本の全電力需要1億6000万キロワット全量をまかなえることになります。

このように、自家発の増大による電力システムの変革とそのビジネスモデルの激動は、まだ始まったばかりと言えるでしょう。

生産消費者（プロシューマー）の台頭

電力の世界において、消費者が生産者になるということが現実味を帯び始めています。たくさんの生産者が発電事業者として参入したばかりですが、まさか顧客が競争相手になるとは、考えてもいなかったでしょう。

消費者が生産者を兼ねるということはすでに他の業界では多数生まれ始めていて、この本の中でもプロシューマーという言葉を紹介しました。

でも、電力の世界でプロシューマーが出てくるということが現実になるとは、あまり思われていません。プロシューマーがすでに活躍している世界はファッションやＤＩＹ（Do It Yourself）、３Ｄプリンティングなどと思われがちです。しかし、実は消費者が行っている無意識の生産に対する協力作業は、全てプロシューマーの仕事とみなすことができます。

本来であれば、企業の受付の係、電話対応窓口などが行うべき仕事がインターネットの普及により、消費者が自ら企業の仕事を負担するようになっています。製品に付属すべき取扱説明書を制作し、印刷し、製本し、梱包し、消費者に送り届けるというようなことは、特にＩＴ関連ではもうほとんどなくなりました。製品の取り扱いについては、インターネットから消費者がダウンロードすることにより、企業のかなりの仕事を代わりにやってあげていることになります。

米国では、太陽光パネルを電力系統に接続するまで個人がＤＩＹでやってしまうことができます。

どこでパネルを買ったらいいか、どう組み立てたらいいか、どうやって運転するのか。すべて情報はネットで取り寄せることができます。電気回路のつなぎ込みですらユーチューブで教えてくれます。

電力関連の発電装置や貯蔵装置はとても素人の手には負えない、と思われていましたが、実はそのようなことが簡単にできる新しいネット時代が始まりつつあるのです。

自分で発電設備を作るだけではありません。

さらに続いて起こることは、自分で作った電気をネット上で誰に売るか、自分で決めるようになっていきます。

どこから買うかだけではなく、自分で作った電気をどこに売るか、というようなことを個人があるいは法人が行う、このようなプロシューマーの台頭は電力業界にとっては予想外のことになるでしょう。

消費者は電気を買うだけだと思い込んでいた世界が一変します。プロシューマーは単純に価格だけで行動をするわけではありません。個人や法人の欲求に基づいて自由な行動を行うのです。

限界費用ゼロのエネルギー源

電力ビジネスは、巨大発電所と送配電線を建設し、すべての投資金額を電気料金から回収するというモデルでした。季節変動や景気動向などにも左右されますが、エネルギーは国の重要なインフラであるということで保護され、安定的な収入が確保できました。電力自由化が起きても競争相手は新電力で、同じ電力仲間です。

ところが、これから生まれて来そうな新しい競争相手は全く別の次元のものとなりそうです。

経済学では、追加生産1単位当たりの追加コストを限界費用といいます。ここでは燃料代相当費用と限界費用は同じと思っていただいて結構です。

太陽光発電や風力発電はこの限界費用がほとんどゼロです。

再エネのような限界費用ゼロの電源が、アセットとして個人や事業者などに保有されるようになります。発電にかかる限界費用はゼロです。電力買い付けの予約システム（先物）や決済システムは、DGRを使えば、ただ同然になってしまいます。

バイオマスと言われる間伐材や木材チップ、籾殻などによる発電は、燃料となる原材料を収集したり購入したりするコストがかかりますので限界費用ゼロではありません。

バイオガスといわれる生ごみや下水汚泥、家畜糞尿などをガス化して発電する方式は、原材料収集コストは別な財源に頼ることができますが、ガス化に関連するコストはある程度かかりますので、限界費用ゼロではありません。

しかし、風力発電や太陽光発電、潮流発電、地熱発電、水力発電などは限界費用ゼロの電源です。

限界費用ゼロの電源は、エネルギーの世界を根底から覆すことになります。電力会社では複数の発電機を同時に発電して、需要に見合った発電電力を確保します。このとき、どの発電機から順番に発電させて行くかということについては、メリットオーダーというルールがあります。

メリットオーダーとは、燃料費の安い順番から発電させて行くというルールです。

考えてみれば当たり前で、発電機の固定費は運転してもしなくても発生するので、無視していいのです。発電すればするほど発生する従量費用はできるだけ抑えたいものです。従量費用の代表は燃料代です。それ以外に直接人件費や補修費などがあります。

ということは、メリットオーダーのルールに従えば、この限界費用ゼロの発電方式は最も優先的に発電させるべきものになります。欧州では再エネの優先接続が法的に義務付けられているくらいです。

現在の日本では、技術的な課題のためにこの2つの発電方式は真っ先に出力抑制をかけられることとなっていますが、デジタルグリッドでは、最も優先的に発電する電源に変貌するでしょう。その時、電力システムとそのビジネスモデルはどのように変化していくのでしょう。

限界費用ゼロのインパクト

限界費用ゼロと聞いて、同名のビジネス書を思い出した方もいるでしょう。この本のタイトルは「限界費用ゼロ社会—〈モノのインターネット〉と共有型経済の台頭」[49]というもので、大変な良書です。著者のジェレミー・リフキンは「第三次産業革命」や「エントロピーの法則」などでも有名な文明評論家です。限界費用ゼロという本の中で、彼は「ＩｏＴ（モノのインターネット）によりコミュニケーション、エネルギー、輸送の効率性や生産性を極限まで高める。それによりモノやサービスを１つ追加で生み出すコスト（限界費用）は限りなくゼロに近づき、将来モノやサービスが無料になれば資本主義は終焉に向かう。」と言っています。

そして資本主義に続いて、「代わりに台頭しつつある共有型経済では、人々が協働してモノやサービスを生産し、共有（シェア）し、管理する新しい社会を実現する。」というシェアリングエコノミーが台頭すると言っています。

ここで重要な示唆は、限界費用が小さくなるとシェアリングコストが下がるということです。みんなで分かち合うのに負担がなくなってくるということです。これは一方で、配布するための費用から投資を回収してきた資本主義が、シェリングエコノミーに勝てなくなってくるということを示唆しています。

逆にアセット（設備費用）の割合が大きくなるので、それを共有しようとする経済が生まれてくるということです。

ジェレミー・リフキンは前出の「限界費用ゼロ社会」で、社会の経済生活を形作る財やサービスの多くが次第に限界費用ほぼゼロに向かってじりじりと進み、資本主義の命脈とも言える利益が枯渇する様を精緻に描き出しています。

これはある意味では、資本主義が目指した生産の効率性が極限まで上がったことを意味しています。資本主義が成功するということは、その結果として、資本主義が崩壊することを意味しているのです。

彼は次の半世紀の間に資本主義は縮小し、経済生活を構成する主要なモデルとして協働型コモンズが台頭してくると明言しています。協働型コモンズとは目的を共通にしたボランタリーな集団を意味し、生活協同組合や慈善団体、宗教団体、信用組合など無数の機関が含まれます。しかし、今までのような団体とは異なり、これからの協働型コモンズはインターネットを駆使した大規模な組織となってくるでしょう。

もうちょっと具体的な例で言いましょう。

たとえば今流行の「ＡｉｒＢｎＢ（エアービーアンドビー）」を例にとりましょう。初めて聞く方もいるかもしれません。「民泊」というと分かる方もいるでしょうか？

これはインターネットを使って、個人の自宅をホテル代わりに予約し、宿泊し、清算するという新しいビジネスモデルです。個人と宿泊客のコミュニケーションが生まれたりして大変評判がよいものです。

出張などで海外に行くときにうまくホテルが取れないとか、もう少し安く宿泊したいとか、あるいは仕事だけではなく現地の人とふれあいたいというようなニーズがあります。一方で、自宅に空き部屋があり、稼ぎになり、信頼できる人が宿泊するということなら部屋を提供してもよいというシーズがあります。

２００８年に創業したＡｉｒＢｎＢ[50]は個人が持つ空き部屋や空いている時間を利用して、ホテルの代わりに会員を宿泊させるビジネスモデルです。

世界ではこれまでに３００万人もの顧客を得て、１９２カ国３万３０００都市で１０００万泊の予約を成立させています。

従来の資本主義モデルでは、ホテルを建設し、すべての投資金額を宿泊費から回収するというモデルだったわけですが、季節変動や景気動向などに大きく左右される不安定なビジネスモデルでした。しかし、今までは競争があるといっても、競争相手は同じホテル業界であり、気心が知れた仲間でした。

そこに想像もしていなかった競争相手が生まれたのです。ＡｉｒＢｎＢでは、個人が保有している住宅がアセットになります。一泊にかかる限界費用はゼロです。従来は予約システム、決済システムなどのシステム構築に多額の費用がかかっていたのですが、インターネットがこれをただ同然にしてしまいました。ＡｉｒＢｎＢはホテルシステムを破壊することはないでしょうが、ホテルに対する新たな投資意欲は減退して行くことでしょう。

シェアリングエコノミー

レイチェル・ボッツマンとルー・ロジャースは、その著書「SHARE シェア」[51]において協働型消費と名付ける新しい経済トレンドの爆発的成長について様々な事例をあげ、論を展開しています。

協働型消費の成功事例に関する4つの原則は、クリティカルマス、余剰キャパシティー、共有資源の尊重、他者への信頼であると言っています。クリティカルマスとは、この協働型消費に参加する人々の人数が一定の数を超えると爆発的に参加者が増えだすという現象を意味しています。余剰キャパシティーは提供する設備は余っているということ、共有資源の尊重は参加する人々が共有資源に対する敬意を持っていること、さらに参加者がお互いに信頼しあっている、というような条件が成功を生みだす4原則だと言うのです。

太陽光発電はこの4つの原則にぴったり当てはまる可能性があります。

日本ではまだ住宅用の太陽光発電を保有する人々の数は、クリティカルマスに達しているとは言えないでしょう。しかし、日中などに住宅で消費しないために余ってしまった太陽光発電の電力は余剰キャパシティーにあたるでしょう。

この余剰キャパシティーを共有資源として、地域コミュニティーやケアハウス、学校、病院などに寄付をし、寄付を受けた側は何らかのリターンを寄付者に返すというようなシェアリングエコノミーが生まれてくるのではないでしょうか？

最初はビジネスベースになるかもしれません。

その場合でも、余剰電力は地域の再エネ普及に貢献している企業や商業施設、例えばスーパーマーケット、家電量販店、レストランなどに無料で提供され、そのリターンとして環境に良い食品や製品あるいは食事などの提供を割安に受けることができる、というような形態も生まれてくるかもしれません。

このようなことが可能になるのは、インターネットの発達により、あらゆる取引コストが限界まで安くなったからです。

再エネの台頭を単に電気料金だけで表現するのはもはや適当ではありません。

協働消費型のエコノミーに関わるプロシューマー達は、もはや、わずかな電気代の差額で利益を追求するという人々ではなくなっています。社会的な価値を追求する集団となっているのです。

このような人々の気持ちをうまくつなぎ合わせる仕組みができれば、あっという間にクリティカルマスを実現することができるでしょう。

カウチサーフィン[52]は、無料で宿泊場所を提供し合う非営利型の経済モデルです。ＡｉｒＢｎＢの有力な競争相手として急速に台頭してきました。カウチサーフィンは、その使命を社会的な価値や宿泊者と宿泊場所の提供者間に生まれる友情の絆に置いています。「カウチサーファーが出会った人々と人生をシェアし文化交流と相互尊重を促進する手助けをするのが目的である」と謳っています。

確かに宿泊設備は個人の所有物ですから、誰かを泊めたからといって新たに追加費用がかかるわけではありません。しかし、このようなビジネスモデルが機能するのでしょうか？　いや、リフキンはビジネスモデルと言ってはいません。協働型コモンズ経済が台頭してくる、と言っているのです。にわかには信じがたいでしょうが、無料のサービスであるカウチサーフィンはＡｉｒＢｎＢを超えて、２０７カ国９７０００都市で活動し、５５０万人の会員を獲得した（ホームページによると１２００万人に拡大）とリフキンは言っています。

リフキンは限界費用ゼロの現象として電子出版、再生可能エネルギー、製造業における３Ｄプリンティング、オンラインの高等教育、音楽なども挙げています。

すでに世界中で何百万というプロシューマー達が、自らが使う、環境にやさしい電力を、限界費用をほぼゼロで生産しています。

彼らが、経済性の議論を無視して、社会的な価値を、地球環境を守るということに置く、そのために立ち上がる、と言い出したらどのようなことが起こるでしょう？

電力の世界で限界費用ゼロのエネルギーが、果たしてどのようなインパクトを与えるのでしょうか？

第14章　都市集中から豊かな地方への分散

マーケットはどこにあるのか？

日本の電力消費を電気事業連合会の電力統計情報[53]からデータを拾ってみると、平成27年度の販売電力量は合計で7894億キロワットアワーになります。

東電を100パーセントとした場合、関西と中部電力管内はそれぞれ50パーセントくらい、東北と九州は30パーセントくらい、中国は20パーセント、北海道、北陸、および四国が10パーセントくらいの販売電力量となります。沖縄電力は3パーセントくらいなので上の表には含みませんでした。

	営業収益（H27年度）	販売電力量（H27年度）
北海道電力	6957億円	286億kWh
東北電力	1兆8688億円	751億kWh
東京電力	5兆8969億円	2470億kWh
中部電力	2兆6483億円	1220億kWh
関西電力	2兆8682億円	1275億kWh
北陸電力	4941億円	275億kWh
中国電力	1兆1505億円	567億kWh
四国電力	5880億円	258億kWh
九州電力	1兆7054億円	789億kWh
合計	17兆9163億円	7894億kWh

各社の有価証券報告書から上のような平成27年度営業収益を見ると合計で17兆9163億円となります。

東京電力は圧倒的な市場規模を誇っていますが、地方市場も小さくはありません。

経済産業省資源エネルギー庁の日本のエネルギーという資料[54]を見ると、2014年度断面で、一般家庭用の電灯料金は25・51円、工場やオフィス用の電力料金は18・86円となっています。しかし、電力量で見ると前者がおおよそ3000億キロワットアワー、後者が5000億キロワットアワーを占めていますので単純平均すると21・35円/キロワットアワーになります。

2015年度断面ですと上の表から22・70円/キロワットアワーと計算されます。

電気の販売金額ベースで見ると、東京電力は約5・9兆円あります。関西、中部が同規模でそれぞれ2・9兆円と2・6兆円、東北と九州が同規模でそれぞれ1・9兆円と1・7兆円、中国電力は1・2兆円、北海道、北陸、四国が同規模でそれぞれ0・7兆円、0・5兆円、0・6兆円となります。

地方だけを見てみましょう。

北海道、北陸、四国では年間約5000億円から7000億円の売り上げ規模です。地方においてこのマーケット規模は非常に大きいものだと言えるでしょう。しかも、毎年コンスタントに消費が発生する大変安定したマーケットです。

中国では1兆2000億円、東北と九州では1兆7000億円から1兆9000億円という売り上げ規模もとても大きいものと言えるでしょう。

電力自由化によって、新しい電気事業者がこのマーケットを既存の電力会社から奪うということになると大変なことになります。

デジタルグリッドでは、この安定したマーケットを数倍から十数倍に拡大できるということを提案しています。といっても単純に電力需要が数倍から数十倍になるというわけではありません。再エネ電源や分散型電源、サービスプロバイディングなど市場のみならず、電力を地産地消して生まれる製品や、電力の取引量の拡大によって、電力関連のマーケット規模が急速に大きくなっていくだろうということです。

これは、夢物語でもなんでもなく、実際に通信の自由化や流通の自由化などで起こった事実です。それを検証するために、少し現状を見つめなおしてみましょう。

地方から流出していた富

各電力会社の有価証券報告書「平成27年度決算（平成27／4～平成28／3期）」から平成26年度と27年度の燃料費を比較してみます。

9電力合計で、平成26年度の燃料費は7兆2347億円、平成27年度の燃料費は4兆4747億円でした。

大変大きく変動していますが、これは、原油価格や、為替レートの変化によるものです。燃料消費量が大きく変化したわけではありません。

平成26年度は、原油価格が1バレル100ドル前後で推移しました。平成27年度は、原油価格が

	燃料費（H26年度）	燃料費（H27年度）
北海道電力	1929億円	1480億円
東北電力	5747億円	4139億円
東京電力	2兆6510億円	1兆6154億円
中部電力	1兆3164億円	8056億円
関西電力	1兆1866億円	7103億円
北陸電力	1287億円	1023億円
中国電力	3645億円	2393億円
四国電力	1415億円	932億円
九州電力	6784億円	3467億円
合計	7兆2347億円	4兆4747億円

1バレル60ドル前後に下がり、平成28年は40ドル近辺で推移しています。

為替レートは、平成26年度中は１００円から１１０円くらいで推移しました。平成27年度中は１０８円から１２３円と円安になっています。

その結果、平成26年度７・２兆円、平成27年度４・５兆円が燃料費として、ほとんどすべて外国に流出したということになります。

このようにして、需要家が支払っている電気料金の２～3割強が毎年国外へ流出し、しかも非常に不安定な動きをしているのです。

まずはこの流出を止めるべきです。

再エネによる発電を行って、年間５兆円～７兆円の金額を、国外流出から地方流入に転換するということができないでしょうか？

自然エネルギーの宝庫

大半の需要家が住んでいる地域は地方にあり、そこには自然エネルギーがふんだんにあります。

独立行政法人「新エネルギー・産業技術総合開発機構」（ＮＥＤＯ）のまとめた「再生可能エネルギー技術白書第2版」によれば、太陽光発電の導入ポテンシャルは、２０１１年に経済産業省が戸建住宅と集合住宅の導入ポテンシャルとして91ギガワット（９１００万キロワット）という試算をしているということが報告されています。

また２０１１年に環境省が行った試算では、設置可能な公共型の建物や未利用地耕作放棄地などを利用した場合、１５０ギガワット（1億５０００万キロワット）というポテンシャルがあるとの試算を出していることも書かれています。

そしてＮＥＤＯ自身が行った２０１２年の導入ポテンシャル調査結果では、耕作地全面積の10％に導入した場合で、約３８０ギガワット（3億８０００万キロワット）もの導入ポテンシャルがあるとしています。

これは日本の最大需要1億６０００万キロワットの2・3倍にもなります。

このような導入ポテンシャルが生まれたのは規制緩和の効果です。

農林水産省が平成25年4月1日に「支柱を立てて営農継続する太陽光発電設備などについての農地転用許可制度上の取り扱いについて」という文書[55]を公表して、条件付きではありますが、耕作地の利用が可能になりました。

この条件は原則として3年間という限定期間での運用しか認めておらず、3年後に改めて一部転用許可を行うというもので、事業者としては長期計画が立てにくいのですが、それでもこの規制緩和の効果は大変大きいものがあります。

太陽光発電設備の設備利用率を12パーセントとすると、年間1050時間、定格出力で発電できていることになります。太陽光発電は午前中の発電量は少なく徐々に増えていき、午後2時ごろ日射量が最も大きくなり、定格発電ができますが、夕方にはまた少なくなります。また、曇りの日など発電できない日もあります。これらを平均すると、定格出力で運転できる時間は、年間8760時間中の12パーセント程度というような表現ができます。これを設備利用率といいます。

仮に設備利用率12パーセントとすると、3億8000万キロワットの太陽光発電設備から約4000億キロワットアワーの電力量が生み出されることになります。日本の年間消費電力量は約8000億キロワットアワーですので、太陽光だけで日本の電力量の約半分をまかなう可能性があるということになります。

もちろんこれは昼間の太陽の照っている時間帯だけに限りますし、太陽だけでは不安定ですから、火力発電所等のバックアップが必要です。さらに昼間は最大需要をはるかに超えてしまいます。しかし、エネルギー源として大きなポテンシャルがあると言えるでしょう。

風力について、やはり同じNEDOの再生可能エネルギー白書[56]によれば、経済産業省の試算として陸上風力の導入ポテンシャルが2億9000万キロワットと紹介しています。環境省の試算でも2億8000万キロワットとなっています。両省の試算結果は、陸上風力が日本の最大需要の1・8倍程度の導入ポテンシャルを持っていると見ています。風力発電は設備利用率が太陽光発電よりも高いので、陸上風力だけで、日本の電力量の約半分以上をまかなう可能性があります。

風力発電の設備利用率は20～30パーセントあります。仮に25パーセントとすると、年間2190時間、定格出力で発電できることになりますが、風力は故障も多いので、稼働率を95パーセントとして2080時間発電時間があるとしましょう。環境省の試算をとって陸上風力が2億8000万キロワット導入可能だとすると、そこから生まれる電力量は5824億キロワットアワーになります。これは日本の消費電力量の73パーセント近くにあたります。

経済性を加味した導入可能量については、固定価格買い取り制度の買い取り価格（FIT）試算値も紹介されています。

経済産業省の試算では、20円／キロワットアワーで15年買い取りの場合は1億キロワット、20年買い取りの場合は1億1000万キロワットの導入が促進されるだろうという結果となっています。

環境省の試算では、同じFIT価格で20年買い取りの場合、1億4000万キロワットの導入が進むとされています。

経済性を見込んだ導入量として、経済産業省の試算を取って、1億1000万キロワットが導入された場合、発電電力量は2288億キロワットアワーとなります。

これでも日本の消費電力量約8000億キロワットアワーの30パーセント弱に当ります。風力の場合、発電は昼間帯に限りませんので、朝、夕および夜間電力の一部もまかなうことができます。

設備価格が低下し、機器の仕様、工事方法、設置場所等に関する様々な規制が少なくなればなるほど導入が進み、導入が進むと価格が下がるという、よい循環が起きます。このように、地方のセルは再エネによるエネルギー供給のポテンシャルは非常に高いのです。地方のセルが自立するためには、太陽光や風力に加えて、これらが発電できない時間帯の代替発電を組み合わせることがとても重要です。それが柔軟にできる新しい電力システムを構築していかなければなりません。

これができれば、近い将来、日本は自然エネルギーの宝庫であるということが実感できるようになってくるでしょう。

ふるさと電気を買おう

電気が識別できるようになり、地方が自然エネルギーの宝庫であることが明らかになってくれば、ふるさとから直接電気を購入するということがブームになるかもしれません。この場合、ふるさとは必ずしも生まれたところでなくてもいいかもしれません。

ふるさと納税は、2014年度は全国で389億円でしたが、2015年度は4倍を上回る

1653億円となりました[57]。自治体が様々な工夫をした結果と言われています。

ふるさと電気も同じように購入量が増大する可能性が十分あります。地方が様々な工夫をすれば、都会で働いている人たちはそれを応援するようになるでしょう。

温泉発電の電気を買ってくれれば、温泉の入浴券がもらえるとか、農産物の廃棄物によるバイオガス発電の電気を買ってくれれば定期的に野菜や果物が送ってもらえるとか、様々なアイデアが生まれてくるでしょう。アイデア次第では、ふるさとへの旅行や観光など、単に電気の売り上げだけではなく、付随した商品やサービスの売り上げが増加していきます。

また、風力や太陽光発電には太刀打ちできないようなコスト高の新しい再エネ発電技術も、その発電技術による電気を購入するというような形での支援を受ければ、開発が進むかもしれません。

農産物や酪農関係では、もっともっとアイデアが生まれてくるでしょう。例えばワイナリー、お酒、焼酎などの廃棄物によるバイオ発電所見学を、試飲ツアーを兼ねて開催するというのもよいかもしれません。

牧場では新鮮なミルクやバター、チーズなどを味わったり、ジンギスカンやバーベキューなどをしながら、自分が購入したり、あるいは投資したりしたバイオ発電所を見学するというようなアイデアも浮かんでくるでしょう。

どこから電気を買っているのか、どの発電機が発電した電気なのかなどが、識別できるということが、ふるさと電気を魅力的なものにするでしょう。

レバレッジをかけよう

さらには、このようなふるさと電気の購入者たちは発電所ツアーなどを通じて、ふるさとに親しみを持ち、新しい発電機の設置に関わるようになるかもしれません。このような人たちを集めて新しい発電機の株主になってもらう、というようなことも起きてくるでしょう。

例えば太陽光発電設備を設置する時、このような人たちから集めたお金を資本金として、不足分を低い金利で銀行などから調達できれば、小さな発電プロジェクトが誕生します。

例えば、資本金が30パーセント、借入金が70パーセントだとします。借入金の返済金利を仮に2パーセントとします。この発電所が発生した電気は地元で地産地消します。その結果、利益率が5パーセントあったとします。

そうすると、資本金の利益率は（100×5パーセント－70×2パーセント）÷30＝12パーセントというような計算になります。これは極めて単純化した計算ですが、緻密に計算しても、基本はそれほど外れてはいません。

発電機の株主になった市民は12パーセントもの高い利益率を得ることができるということになります。30パーセントの投資で100パーセント事業を実現しました。このようなことを、レバレッジをかけるといいます。

レバレッジとはテコのことです。テコの原理を使うと、小さな力で大きなものを動かすことができますよね。

風力発電プロジェクトやソーラー発電プロジェクトにおいて、小さな投資で大きなプロジェクトを実現して、高い収益を得るということがよく行われます。このようなプロジェクトにお金の融資をすることをプロジェクトファイナンスといいます。

小さな投資は、再エネの場合、市民ファンドというような形で集められる場合があります。この方法は再エネプロジェクトなどにおいて、まとまった投資が必要な場合に極めて有効な方法なのです。

ルーラルエンタープライズモデル

私たちの研究室では、さらにこのモデルを拡張して地方で企業や地方自治体、そして地方銀行を巻き込んだルーラルエンタープライズというエネルギーモデルを考案しました。

このモデルの大きな特徴は、

（1）地方の産業や経済が、電気料金の支払いという形で、燃料代相当総額5兆円規模のお金を、外国に流出させていることをストップさせる。

（2）地方自治体が出資し、地方銀行が低利で融資する再エネ中心の発電プロジェクトを創り、工業団地や商業団地に電力を原価で提供する。
（3）地方銀行は所定の利子を受け取るが、自治体は投資では利益を上げない。
（4）他の地域に比べ格段に安い電力価格を提示することにより、域内の産業競争力を飛躍的に上げ、地域の経済を活性化させ、雇用を拡大する。
（5）自治体は経済発展や人口増加により税収を上げることでリターンを得る。

ルーラルエンタープライズモデルでは、自治体は、発電プロジェクトそのものでリターンを得るのではなく、地方の発展という形でリターンを得ます。

このモデルの難しいところは、安い電気を買えるところとそうでないところが生まれ、不公平感が出てくることです。どこか特別な企業を優遇しているとか癒着があるとか言われかねません。市内をいっぺんに安価な電気で供給できれば良いのですが、なかなかそうはいきません。

雇用拡大というようなことを前提にすると、安い電気の提供は個人ではなく、企業が相手ということになります。住民の税金を企業に還元しているという批判も、生まれるでしょう。

また、企業間でも、不公平感が出ます。たまたま対象の工業団地や商業団地に入居していたところが、その恩恵に預かることができます。

しかし、自治体の公共事業は多かれ少なかれこのような不公平感が伴うものです。例えば、道路の拡幅工事をやれば、その道路に関係した住民や企業がメリットを受けます。下水道工事を行えば対象区域だけがメリットを受けます。電気についても同じようなもので、再エネ電源地区を設けて安価な電気を供給すれば、その地区の企業だけがメリットを受けます。

この不公平感を払拭するには、他の公共事業と同じように、長期計画を立てて順番に対象範囲を拡大していくということで、理解を得る必要があるでしょう。

地域内の再エネ資源を使って安価な電気料金特区を作ることによって、地方の経済を少しずつ活性化していくというのはかなり効果的な成長モデルとなります。

我々の研究では確実な成長が見込め、地方銀行にとってもメリットがあり、意外にも宿泊業や教育産業、クリーニング業、清掃業など、その地域固有の産業が大きなメリットを受ける結果が得られました。

ルーラルエンタープライズモデルは、自治体がチャレンジすべき成長モデルと言えます。

地方銀行の活躍

地方に行けばその地域特有の地方銀行があります。最近は地方の経済が低迷しており、マイナス金利の導入などにより、地方銀行の収益は悪化しています。

そういった中で、地元固有の事情を持つ地産地消型の再エネによる発電事業やその他の分散電源事業は、地方銀行にとって安定的な収益をもたらす重要な融資先となるでしょう。

電気料金の売り上げは、変動が少なく安定していますので、回収に関するリスクも非常に低くなります。また電気料金が原価で提供されるようになると、今までなかったような産業が十分な経済性を持つようになります。

例えば、農業がその一つです。

農業といえば、地方では大規模な農地を使って野菜や果物などを生産するものと思いがちですが、生産時期をずらすビニールハウス栽培とか、自然災害を避けた植物工場による栽培とか新しい技術が生まれ始めています。

このような工場型農業では、エアコンによる温度管理とかＬＥＤ照明による日照管理などがなされ、安定した生産が可能になり、高級な機能野菜などが作れるようになります。

畜産業や養鶏業においても、集中工場型システムが基本となってきています。ここでは照明、動力、空調などが自動化され、電力なくしては一日たりとも稼働することができなくなっています。

漁業ですら電力との関わりは大きいものがあります。冷凍倉庫、冷蔵庫など電気を使うものは漁業においてもたくさんあります。これらの設備は冷凍機を回すタイミングをある程度自由にできますので、需要のコントロールに適しています。いわゆるデマンドコントロールという特殊な需要を豊富に持っているということが言えます。

地方銀行の有利な点は、行政や地場産業との接点が豊富なところです。

また、地元の再エネ資源のポテンシャルについて土地勘があります。

地方銀行が行政とタッグを組んで、地元の再エネ開発投資を手掛ければ、信頼性の高いプロジェクトが構築できるようになるでしょう。

PFIスキームの活用

PFIとはPrivate Finance Initiativeの略で、行政に代わって私企業が投融資の仕組みを作って公的な事業を行うものです。

例えば下水道事業において下水汚泥を使ってメタンガスを発酵させ、バイオガス発電事業を行う場合、行政自身が税金を使って設備を購入し、運転員を雇って運転を開始し、発生した電気を行政の設備の中で使用するというようなモデルの場合、いくつかの問題が生まれます。

この場合、発電事業のリスクは行政がとることになりますが、行政の仕組みの中で、そのような知識やノウハウを持った人材は存在していません。

また、設備に大きなお金を投資するためには、発電した電気が安定した価格で購入し続けられるという約束が必要です。さもなければ融資を受けられません。

購入者は市役所とか議会とかの公共施設ですので、それらの予算はすべて単年度予算になっています。従って、長期的に同じところから電気を購入し続けるという約束はできません。

そこで第三者である民間企業がその役割を代わりに行うのがPFIスキームです。

地方銀行との融資の契約や行政との設備保守委託など、様々な契約文書を絡み合わせて、行政が将来の購入を約束しなくとも銀行が融資をしてくれるようになります。

一言で言うと、地方銀行を巻き込んだ契約の仕組みによって、地方行政の単年度予算主義を長期予算に置き換えることができる、とても優れた手法なのです。

地方が国を豊かにする

日本は資源のない島国であって、エネルギー白書（2015年度版）によればエネルギー自給率は2013年度で6パーセントしかありません[58]。このうち地熱と新エネルギーを合わせると3・2パーセントになります。

残りの94パーセントを輸入に頼るような状態をいつまでも続けていくことは日本のエネルギーセキュリティーのみならず、政治的、経済的リスクを許容し続けていくことになります。

世界中の紛争が様々な要因に基づいて発生しているように見えますが、根底のところにエネルギー資源の争奪戦の様相が見え隠れします。

日本が政治的、経済的に確固たる地位を確保する上で、電力エネルギーの自給率向上が重要です。

そうすれば、安価な電力を使って、石油を代替する液体エネルギーや、水素やメタンガスを代替するガス状エネルギーを生み出し、総合エネルギー自給率を向上させることが可能になります。

地方ではすでに再エネによる電力自給率100パーセントを超えている市町村が数多く出てきています。残念ながら、これらの市町村がこの電力を直接、需要家に販売して収益を上げているわけではありません。またこの地域の電気代が他と比べて安くなったわけでもありません。

地産地消と言いながら、実態はそうではありません。これらの市町村で生まれた電気は直接電力系統に入り、どこで消費されているかは分からないという状況です。

このような状況をルーラルエンタープライズモデルで組み替えて、ＰＦＩの仕組みを使えば直接市町村の収入を増加させることも可能です。

長期的な視野に立てば、電気料金を下げた地域を作って企業を誘致したり、自分たちで新しい産業を作ったり、電気以外の人工的な一次エネルギーを作ったりすることもできます。

地方は土地も豊富で再エネ資源も豊富です。

今まで流出していた富を自らの手に取り戻す最大のチャンスが、目前にあります。慌てる必要はありません。たくさんの地方自治体が同じ方向を向いて協力し合っていくことができます。

電力販売量は２００７年をピークに減少し続け、２０１５年で、ピーク時の87パーセントになってしまいました。

この現象は、地方経済の低迷と密接に関わりがあります。電力会社はビジネスモデルを展開して地方経済を活性化させ、販売電力量を増やしアセットを新電力や地方自治体などに持ってもらって、サービスに主力を移すということが重要です。

再エネによる地方の活性化で電力関連マーケットは何倍にもなっていくでしょう。電力会社は自らの収益源が失われると考えがちですが、実はそうではありません。地方の再エネ強化が、外国への資本流出を防ぎ、エネルギー自給率を高め、ひいては日本全体を豊かにするだろうと思います。

電力会社のビジネスモデル

電力会社は、このような社会経済の大きな変化を肌で感じているはずです。今まで通りのビジネスモデルでいては徐々に資本を流出させていき、気づいたときには何もできないほど財政が悪化しているでしょう。

今までのビジネスモデルは発電設備というアセットを自ら所有し、運転し、回収するというものでした。

しかし分散型の電源が普及し始め、再エネが拡大していく中で、電力会社が第一に考えるべきことは、アセットをプロシューマーに持ってもらうということです。

そして、そのアセットから生まれる電力をプロシューマー達が望む相手に送り届けてあげることです。そのアセットが十分な能力を持っていなければ、電力会社はそれを補完するサービスをほとんど無償で提供するべきです。

そのようなプロシューマー達のコミュニティーを運営し、顧客が望むサービスを提供することです。

そうなれば電気料金は地域ごとに異なるようになり、電力会社はそれをサポートしてあげて、その地域の競争力が高まるように応援してあげるのです。

そうすれば、その地域が安い電気料金を元に企業を誘致し、雇用を拡大し、税収をあげ、活性化することが可能になるでしょう。

このような電力会社の事業形態は、今までと１８０度変わったかのように見えます。確かに今までは電気という製品を作る製造業でした。しかし、新しいビジネスモデルは他の人が作る電気を調達して適切に配るサービス業となります。

英語では電力会社のことをユーティリティーサービスと言います。実は元々サービス業だったのです。

電力の識別可能性と同質性

青森のある家のDGRの1つの電力端子の接続先が太陽光パネルなら、この電力端子から入力する電力は太陽光発電によるものだと識別できます。この青森の家のルーターの太陽光発電を、商用電力端子から配電線に出力しているとします。

東京の別のルーターが、青森のルーターの太陽光を買い付ける契約をしたうえで太陽光の出力分の電力を同時同量で消費しているとします。

このようなプロセスで、青森のルーターから東京のルーターに太陽光を選別して売ることができるのです。この場合、配電線は電気を同時同量で届ける役割をしているだけで、それ以外の電力は、この取引とは無関係になります。

このようにして電力は識別することができます。

一方で、この電力は実はミックスされて、太陽光も燃料電池も区別できない同質の電力であるということも言えます。送配電線上ではあらゆる電力がミックスされてしまっています。

これでも、識別購入ができているのだろうかという疑念がわくでしょうが、発電の総和は、消費の総和と常に等しいので、青森の発電が東京の消費と等しければ、青森から、東京に識別した電力を送ったことになるのです。

太陽光発電、風力発電や蓄電池、燃料電池やディーゼル発電など、あらゆる電力がDGRを使うことによって、発電源の違いや発電した時間、場所などの電力プロパティを持った電力パケットを出力することができるようになります。これによって電力は識別が可能になります（識別可能性）。

しかし、もう一方で電力はどのようなプロパティを持っていようと、全く同じパワーを持った電力であるとも言えます（同質性）。

このように電力は識別可能であり、かつ同質なものであるということになります。このことは電力の取引において大変重要な性質となります。

この特徴を、「識別可能な同質性」と呼ぶことにしましょう。

この特徴は極めてユニークな性質であり、この性質をうまく活用することで、電力が仮想的な通貨の役割を果たすような大きなパラダイムシフトが起こるでしょう。

お金との類似性

電力は、識別可能であり、かつ同質性を持つと述べました。

識別可能でありながら、全く同質なものというのは電力以外にどんなものがあるでしょう。

例えば、ペットボトルの水はアルプスの水と富士山の水とは識別されて販売されています。実際に取水する場所も違いますし、取水に必要なコストや輸送費も違いますし、きちんと調べれば、水の成分が違うことがはっきりするでしょう。ですから識別可能でありますが、同質ではない、と言うべきでしょう。これを同じ水だからと言って産地を偽ってラベルを付け替えて販売すれば、産地偽装となり違法行為に当たります。

肉や魚も同様です。私などは産地が違っても同じ味に思えますが、やはりこれも識別可能でありますが、同質とは言えないのです。地元の牛肉に松阪牛のラベルを貼って販売すれば産地偽装です。

識別可能であって、全く同質のものというものはほかにもあるでしょうか？　実は意外に見つかりません。

電力以外には、お金ぐらいでしょうか？

ひとつの会社の中にあるお金は非常に多くのプロパティを持っています。誰がどれだけ資本を出したか詳しく区別された資本金、どの銀行からどれだけの利子でどれだけの期間借りたお金か、という借入金、どの会社からどれだけの売り上げを得たかを細かく記載した収入、誰にどれだけ支払ったかを細かく記載した支出など、細かく識別されています。つまり識別可能です。

しかし、紙幣にこういった識別のための刻印がされているわけではありません。お金はお金です。違いはありません。つまり、同質です。

電力も太陽光や風力などの電力プロパティに基づいた細かい識別ができますが、パワーとして見れば、電力は電力で違いはありません。つまり、識別可能でかつ同質なのです。

お金の本質

現代経済学の基本書である『国富論』を表したアダム・スミスは、第4章「貨幣の起源と使用について」で、「分業が確立すると、誰もが交換によって生活するようになるので、商業的社会が成立し、貨幣が発生する」と述べています。

物々交換が起源となって、それをよりスムーズにできるように、貨幣が作られたというのです。「最初は耐久性、可分性のある金属が選ばれ、のべ棒のまま貨幣として使用され、のちにそれに刻印が押された」、そして「貨幣がすべての文明国民において商業の普遍的用具となったのはこのようにしてであって、この用具の媒介によってすべての種類の財貨は売買され、相互に交換されるようになったのである」[59]と言っています。

このような、物々交換から貨幣が生まれたという考え方には根強いものがあり、貨幣が普遍的な価値を代表するため、金や銀が使用されたと考えられています。

今では金や銀が使われた貨幣はほとんどなく、丈夫な紙か電子的な数字がこれに代わっているわけですが、人々はその紙やデジタルな数字に価値があると思うようになりました。そしてそれを貯め込むことによって幸せが生まれると妄信するようになったのです。

しかし、1980年代には、貨幣を研究する有力な学者達が、「歴史的に物々交換から貨幣が生まれたという事例はもちろんのこと、純粋で単純な物々交換経済の事例さえどこにも記されていない」と発言しだしました。

つまり、アダム・スミスの言っている貨幣誕生の物語を否定する勢力が増え始めたのです。このことは、マネーシステムが機能するには、「通貨が不可欠」であり、通貨は「商品の交換手段」として機能するものだという、標準的な貨幣論を否定することになります。

フェリックス・マーティンは、その野心的な著書「21世紀の貨幣論：Ｍｏｎｅｙ」[60]で、ヤップ島の経済システムやイングランドのタリーという独創的な会計技術を紹介し、通貨の根底にある「信用と清算のメカニズム」こそがマネーの本質であると説いています。

なんとヤップ島ではフェイという巨大な石貨が家の前においてあるだけで、この石をやり取りすることはほとんどなく、実際の清算は取引台帳に記録することだったといいます。

イングランドのタリーは木の棒でできていて、財務省との間の支払いや受け取りが記載され、木片を縦半分に割って双方が保管するという仕組みだったそうです。木片の木目は一片ずつ異なり偽造するのは困難でした。

このような通貨システムがあったことから、通貨の本質とは、あらゆる種類の「譲渡可能な信用」であるというのです。

いささか難しい表現になりましたが、お金の本質は、単純化して言うと、「誰かと誰かの間の売り買いの記録とそのやり取りを保証してくれる信頼のおけるシステム」だと言えそうです。

Ｆｉｎｔｅｃｈ革命が電力にも

最近急速に注目を浴びつつあるＦｉｎＴｅｃｈという金融分野があります。これは今まで銀行や国が管理していた通貨や金融を、インターネットの技術を駆使して様々なサービスを展開することにより、より便利で身近なものにしようという動きです。

本当の通貨とは、現在我々が使っている円、ドル、ユーロ、などという目に見える紙幣やコインではなく、その根底にある目に見えない信用システムそのものを指すということであるとするなら、取引記録すべてを保存して共有する、最近注目を浴びているブロックチェーンはまさしくそのような仕組みと言えそうです。

ブロックチェーンの適用技術でもっとも有名なのはビットコインです。２００９年に運用が開始されて以来、すでに数百を超えるコインが開発され、市場で運用されています。ビットコインは分散化されたデジタル通貨と言えます。すでにその市場規模は数兆円を超えています。日本では、マウントゴックス取引所の破綻などで悪いイメージがありますが、これは取引所での盗難事件であって、ビットコインそのものの信頼性が失われたわけではありません。

このシステムは中央管理を必要とせずに分散型で運営されるので、取引コストが非常に低く、しかもその信頼性については、特殊なマイニングと呼ばれる作業を行うことにより保障されています。マイニングは不特定多数の参加者に対して信頼性を保つための工夫であるため、取引決済を確定するまで10分程度の待ち時間が必要とされています。これは電力取引のようなリアルタイム市場で使うのにはあまり適していません。しかし、取引コストの安さは大変魅力的です。

ビットコインの本質はブロックチェーン技術を使った公開分散元帳であって、すべての元帳がすべての取引記録を保有しているというのが特徴になっています。このブロックチェーンを使って電力パケットを取引することができるのではないでしょうか？

デジタルグリッドの場合、電力パケットの発行者も受け取り者もすべてルーターになりますので、不特定多数の参加者に対する信頼性の確保という心配はあまり必要ありません。

電力パケットのもつ電力プロパティやその取引記録をすべてデジタル情報で記録し、多数のサーバーで共有する、というブロックチェーン技術はデジタルグリッドにとても整合しています。

ブロックチェーン技術により、電力取引の約定、電力機器への指令、取引決済、精算などを、セキュリティーを確保しながら、幅広く処理できる可能性がでてきました。ブロックチェーンは、電力の取り扱いに好適な非常に魅力的な技術であると言えます。

ブロックチェーンの出現

ブロックチェーンという技術はSatoshi Nakamotoという日本名の謎の人物による論文「Bitcoin：A Peer to Peer Electronic Cash System」[61]が２００８年に公開されたのが始まりと言われています。電子マネーはすでにいろいろなところで使われていますが、実体のある通貨と違って電子的な信号ですから、使った分だけ減っていく仕組みをきちんと作っておかないと、二重送金問題が発生します。

この論文の中で彼は、電子マネーにおける二重送金問題の解決策をピアトゥピア（Ｐ２Ｐ）・ネットワークにおいて解決する手法を提案しました。

Ｐ２Ｐネットワークというのはコンピューターシステムにおいて、ネットワークに接続されたコンピューター同士が端末装置として対等の立場や機能で直接通信し合うものです。

これに対して現状よく使われているコンピューター間の接続方式は、クライアントサーバー方式です。この方式では、ネットワークに接続されたコンピューターはクライアントとして働き、ネットワーク上のサーバーに対して通信を行い、サーバーで様々な機能を実現し、クライアントにそれを提供します。

クライアントサーバー方式ではすべての取引をサーバーで管理しますので、ＡさんがＢさんに、ある金額を送れば、その時点でＡさんの所持金が減ります。ですから二重送金問題は発生しません。

しかしP2Pネットワークのようにクライアント同士で送金をしようとすると、AさんからBさんとCさんに同時に同じ金額を送金することが可能になってしまいます。BさんとCさんのどちらが正当な受取人か判別する方法がないのです。

ブロックチェーンはこの問題をすべての取引を取引台帳に記録して1つのブロックにし、時系列的にそれらのブロックを数珠つなぎにして、暗号化し、すべてのクライアントで共有するという仕組みをつくりました。

この画期的な仕組みにより、ハッカーが取引台帳を改ざんする、というようなことが事実上できなくなり、二重送金問題も解決されたのです。

このような工夫をせずともクライアントサーバーシステムのままで良かったのではないか、という考え方もありますが、取引の頻度が増えるに従ってサーバーへの集中が進み、回線の渋滞や、サーバーダウンなど、深刻な影響をクライアントに及ぼす解決困難な課題が増えてきました。

このような課題をできるだけ避けるために、回線を増やしたり、サーバーを強化したりする、というアプローチをとるようになりました。しかし、このような方法は本質的な解決にはならない上にコストを膨大に増やしていきます。

それに対してブロックチェーン技術はシンプルな解決策で、二重送金問題を解決してしまいました。

ネットワークを増強したり、サーバーを増やしたりということをせずに、信頼性を確保しつつ、コストを劇的に軽減することが可能になったのです。

ブロックチェーン技術は、お金の取引にとどまりません。むしろ、電力取引における合意形成をあらかじめ決められた手順（スマートコントラクト）によって自動的に実施するところに価値があるのです。

分散型の電力取引指令システムが、きわめて安価に、しかも改ざんされないというセキュリティーを有しつつ、実現できてしまうところに革新性があります。

デジタルグリッドへの適用

電力がお金と同じように識別可能であって、同質であるということは、ブロックチェーン技術のような技術をルーターに埋め込めば、電力そのものを送受電することができるということになります。

デジタルグリッドは、需要家が発電設備を持ち、お互いに電力を交換し合うＰ２Ｐネットワークであると言えるでしょう。ブロックチェーンでは、第三者の認証が必要なくなります。手続きコストを激減させます。

電力の取引はルーター同士が交信すれば、ブロックチェーンで直接売買を行うことができます。

電力システムでは発電と消費は同時同量である必要があり、そうならない場合、二重送電問題ともいうような事態が発生しますが、これもブロックチェーン技術で防ぐことができます。

現在の電力系統では、スマートメーターが新電力事業者の発電情報や需要家の受電情報を集中型のメインサーバーに上げてすべてを管理しようとし始めています。この方法は、一見効率的ですが、膨大な情報のトラフィック量が生まれ、いったん通信障害やサーバーの処理能力オーバーによるシステムダウンなどの問題が起きると、すべての課金情報システムがダウンするという脆弱性を持っています。

ここでもブロックチェーン技術が使われれば、メインサーバーという存在なしにスマートメーター同士がすべての取引を記録し、保有することになりますので、コストが大幅に低減できる上に、通信回線のトラフィック量も激減し、信頼性が大きく向上します。

もっとも、そのためには現在のスマートメーターの機能を超えた、ブロックチェーンなどのプログラムが実装できる頭脳を持った電力量計が必要です。デジタルグリッドメーターという電力センサーがその機能を実現します。

デジタルグリッドメーターは、頭脳を持ちフォグコンピューター（クラウドコンピューティングに対抗するローカルなコンピューティングを指します）となるでしょう。

さらにDGRは電力そのものをメイングリッドに送りこんだり、引き出したりする電力変換器ですので、ブロックチェーンの指令をもとに取引の清算だけではなく、電力取引そのものを実現できるのです。

ブロックチェーンはお金の取引台帳や電力の取引台帳という意味合いだけではなく、様々な指示、判断、契約などといったスマートコントラクトと呼ばれる当事者同士で、確実に履行される取り決めをプログラムの中に包含するようになります。

これにより、電力や派生物の取引に関するあらゆる事務処理を自動化することが可能になるのです。

[45] http://www.enecho.meti.go.jp/statistics/electric_power/ep002/results.html
[46] http://www.enecho.meti.go.jp/statistics/electric_power/ep002/results.html
[47] http://www.enecho.meti.go.jp/category/electricity_and_gas/electric/summary/retailers_list/
[48] http://www.enecho.meti.go.jp/statistics/electric_power/ep002/results_archive.html#h27
[49] ジェレミー・リフキン、NHK出版「限界費用ゼロ社会—<モノのインターネット>と共有型経済の台頭」
[50] https://www.airbnb.jp/
[51] レイチェル・ボッツマン/ルー・ロジャース「ＳＨＡＲＥ シェア」、ＮＨＫ出版
[52] https://www.couchsurfing.com/
[53] http://www.fepc.or.jp/library/data/tokei/index.html
[54] http://www.enecho.meti.go.jp/about/pamphlet/pdf/energy_in_japan2015.pdf
[55] http://www.maff.go.jp/j/press/nousin/noukei/pdf/130401-01.pdf
[56] http://www.nedo.go.jp/content/100544818.pdf
[57] http://www.asahi.com/topics/word/ふるさと納税.html
[58] http://www.enecho.meti.go.jp/about/whitepaper/2015html/2-1-1.html
[59] アダム・スミス著、大河内一男監訳、「国富論Ｉ」中公文庫、ｐ39－48
[60] フェリックス・マーティン著、遠藤真美訳、「21世紀の貨幣論：Ｍｏｎｅｙ」東洋経済
[61] https://bitcoin.org/bitcoin.pdf

第五部

エネルギーシステムのパラダイムシフト

第16章　潜在市場の巨大さ

世界に目を向けよう

世界を見回すと、電気にアクセスできない人がいる国は、世界196カ国のうち、112カ国もあります。電気をちゃんと国民に供給できている国はたった4割程度しかないということです。

112カ国のうち半分の国では、電化率が6割を切っています。

電化率が高い国でも、発電設備が十分にないため、頻繁に停電が起こります。このような地域や国を、ウィークグリッドと名付けました。

ちなみに、電気の全くない地域を、オフグリッドとしました。

それとは逆に、電気がすべての国民に供給されている地域や国をオングリッドとしました。

ウィークグリッドの電化事情はどうなっているでしょう。

ワールドバンクの調べ[62]では、南アジアでは1カ月に平均25・5回もの停電が起こっています。

Index Mundiの調べ[63]で1カ月当たりの停電回数を国別に見ると、以下のとおりとなっています。

南アジア：パキスタンが75・2回／月、バングラデシュの64・5回／月、インドの13・8回／月、ミャンマーの12・5回／月、の停電が起きています。

中東：レバノンの50・5回／月、イラクの40・9回／月、イエメンの38・8回／月、などとなっています。

サブサハラアフリカ：ナイジェリアの32・8回／月、ギニアの31・5回／月、中央アフリカの29・0回／月、というような状況です。

ここで生まれる経済損失[64]は、南アジアでは、売り上げの10・9パーセントにものぼると計算されています。これは中東の6・0パーセントやサブサハラアフリカの8・8パーセントよりも悪くなっています。

このような国では、送電損失も非常に大きくなっています[65]。日本では送電損失が、4・58パーセントとなっていますが、バングラデシュは13・18パーセント、パキスタンは17・03パーセント、インドは18・46パーセント、ミャンマーは26・71パーセント、となっています。イラクは30・0パーセント、イエメンは25・76パーセント、ナイジェリアは15・34パーセントなど、軒並み高い損失となっています。

オフグリッドへのアプローチ

オフグリッドは全く電気にアクセスができない地域を指します。

WORLD ENERGY OUTLOOKによれば、電気にアクセスできない人々の人口がおよそ12億人です[66]。この人たちはオフグリッドに住んでいることになります。ここ10年で約4億人減少してきていますので、いずれこの問題は解消するかのように思われます。

しかし、その解消の仕方は、各国が送配電線を延伸して、過疎地域へ電気を送り届けることになります。その費用は各国の重い負担になり経済成長を圧迫します。また、発生する電気は化石燃料に頼らざるを得ません。長距離の送配電線は、送電損失をますます大きくすることになります。このようなジレンマから送電線の延伸は遅々として進みません。

無電化地域の人々たちが電気にアクセスできるようになるまでには気の遠くなるような時間がかかるでしょう。

中央から電気を運ぶのではなく、無電化地域に直接太陽光などの再エネを電源として蓄電池と組み合わせた独立セルを作る、という方法も有力な選択肢ですが、電力需要の大きさに対して設備投資が大きくなりすぎてしまいます。

そこで我々は、WASSHAというサービス形態を考案しました。

WASSHAとは火をともすという意味のスワヒリ語です。

まずモバイルマネーでキオスクオーナーから一定の金額を先払いしてもらいます。デジタルグリッドのマネーサーバーがそれを確認すると、自動的にエアーワットという名前の機能限定のモバイルマネーを発行します。

これは電子的に送信される暗号のようなものになります。エアーワットは、お金を送金してくれたキオスクオーナーのデジタルグリッドチャージャーに記録されます。オーナーが充電をするたびエアーワットは残量が減っていきます。エアーワットがなくなってしまうと充電サービスができなくなるので、キオスクオーナーは早めに送金をすることになります。

このようにしてＷＡＳＳＨＡが機能しだすと、各ソーラーキオスクの日々の売り上げ状況がリアルタイムで把握できるようになります。

こうして、全く新しいタイプのビジネスモデルが誕生しました。

我々は、東京大学エッジキャピタル（ＵＴＥＣ）や日本政策投資銀行などの出資を受けて、東大発のベンチャー企業、株式会社デジタルグリッドを設立し、東アフリカのタンザニアを中心にソーラーキオスクを設置し、電気の量り売り事業を展開しています。その数は1年強で６５０カ所にも上り、現在も増加中です。

このビジネスモデルは持続可能な社会貢献として有名になりました。

国連のＳＤＧｓにも貢献する活動となっています。本書ではあまりページを割くことができませんが、電力と情報と金融をデジタル技術で融合させた新しいモデルです。デジタルグリッドには多様な技術があり、すべては再エネベースの人類のエネルギー問題の解決を目指しています。

ウィークグリッドへのアプローチ

世界の人口が現時点で72億7500万人と言われています。

ＯＥＣＤ34カ国の人口が12億5000万人です[67]。ＯＥＣＤは先進国と言われていますので、この人たちがオングリッドに住んでいると仮定します。

すでに述べたように、オフグリッドの人口が12億人だとすると、ウィークグリッドの人口は差し引き48億人程度です。今後、2030年までには13億人増加し、2050年にはさらに16億人増加すると見込まれています。

つまり、2050年には77億人の人々がウィークグリッドに住んでいることになるのです。もちろん、ウィークといっても、その度合いは場所によってだいぶ違うことでしょう。

この人たちも、より良い暮らしを求め、電化のレベルを上げていきますので、何も手を打たなければ、化石燃料の消費は著しいものになると考えられます。

省エネで化石燃料の消費を抑えようという考えがあります。オングリッドの人々が、様々な方法で省エネをしようとしています。

しかし、ウィークグリッドの人口は、オングリッド人口の約4倍から6倍を超えようとしているわけです。

ウィークグリッドは、南アジアや中東とサブサハラアフリカ地域に集中しています。この地域は経済成長や人口増加が著しく電気の使用量も急増しつつあります。

このような国では、送配電網が十分に機能していません。仮に火力発電所が効率よく発電したとしても、送配電の途中で大きな損失が発生してしまいます。

それよりは、需要家のセルの中でディーゼル発電機を動かした方がはるかに効率の良い発電が可能になります。

頻繁に起こる停電の際に、ディーゼル発電機を常に動かすためには、燃料補給だけではなく、潤滑油の手入れ、冷却水の確保、空気フィルターの点検など意外に手間がかかります。商業ビルなどでは停電が起こると、従業員が家に帰ってしまい、数時間は戻ってこないということがしょっちゅう起こります。

電圧の不安定さのために縫製中の衣服が製品価値を失うことは日常茶飯事です。

少し裕福な企業では、コンピューター用に小型の無停電電源装置を使っています。レストランでは停電しても、要求しないと灯りを持ってきてくれません。

このようなウィークグリットで、停電のない自立可能なセルが構築できるようになると、他の場所との違いは明白になります。競い合ってセルを導入するようになるでしょう。また、ウィークグリッドでは電力会社も、セルグリッドの恩恵に預かります。自立可能なセルが増えることで、送配電網の運用が極めて楽になります。

現在はロードシェディングといって需要を順番にカットして行かざるを得ないのですが、それでも優先順位がありません。セルが自立してくれれば、この優先順位に頭を悩ます必要はなくなってきます。

このようにして、まずは停電回避というところからセルが普及しだすよう、様々な政策を打ち出すことが重要です。

セルが普及しだせば次はセル内の電源の選択です。

ディーゼル発電機は、灯油や軽油を使用します。化石燃料です。自立可能なセルは、最初は需要家単位の小さなもので、電源としてはディーゼル発電機と自動車用のバッテリーとＤＧＲだけになるでしょう。それでもまったく停電しないようになれば、今までとは別世界です。

太陽光パネルの価格が安くなってくれば、化石燃料の使用量を減らすために太陽光も導入するようになるでしょう。この時、ＤＧＲはパワコンの役目を果たします。ウィークグリッドには再エネをふんだんに使ったセルモデルがぴったり適合します。

この巨大な市場に数十年で変革を起こすには、単に技術だけの問題ではなくイノベーティブなビジネスモデルが必要です。

しかも彼らは日本で実証された技術でないとなかなか導入しようとしません。すなわち我々がやるべきことは日本で実証し、それをビジネスベースで東南アジア、中東、南米、アフリカなどで展開して行くことでしょう。

パリ協定と地球温暖化対策

オフグリッド、オングリッド、ウィークグリッド、どの状況にあっても、その国の責任者、有識者、産業界のすべての人が地球規模の温暖化現象に対する責任があります。

２０１５年12月10日に締結されたパリ協定では、世界共通の長期目標として２℃目標をセットし、「世界の平均気温の上昇を工業化以前よりも１・５℃高い水準までのものに抑える努力を追求すること、また人為的な温室効果ガスの排出と吸収源による除去の均衡を今世紀後半に達成するために、最新の科学にしたがって早期の削減を目指すこと」を明記し、長期的対策の重要性をあらためて示しました。

これを受けて、日本は地球温暖化対策と経済成長を両立させながら、長期的目標として２０５０年までに80パーセントの温室効果ガスの排出削減を目指すということを平成28年5月に閣議決定しました。

その内容は詳しく言うと、以下の通りです。

「わが国はパリ協定を踏まえ、すべての主要国が参加する公平かつ実効性ある国際枠組みの下、主要排出国がその能力に応じた排出削減に取り組むよう国際社会を主導し、地球温暖化対策と経済成長を両立させながら、長期的目標として２０５０年までに80パーセントの温室効果ガスの排出削減を目指す。このような大幅な排出削減は、従来の取り組みの延長では実現が困難である。したがって、抜本的排出削減を可能とする革新的技術の開発・普及など、イノベーションによる解決を最大限に追及するとともに、国内投資を促し、国際競争力を高め、国民に広く知恵を求めつつ、長期的、戦略的な取り組みの中で大幅な排出削減を目指し、また世界全体での削減にも貢献していく」

閣議決定の二酸化炭素排出抑制見込み内訳を詳しく見てみると、13億トンの排出量のうち9割がエネルギー起源です。つまり、最大の効果が上がる方法は再エネの導入などです。再エネの中でも、太陽光と風力発電の拡大が、最も効果的で重要な鍵なのです。

政府は2030年までに「日本の約束」として、2013年比26パーセントの温室効果ガス削減を約束しました。

この目標ですら、達成困難なものであり、「従来の取り組みの延長では実現が困難である、イノベーションによる解決を最大限に追及する」必要があるということを認識しなければいけません。

私はデジタルグリッドが、地球温暖化対策と経済成長を両立させながら、長期的、戦略的な取り組みの中で大幅な排出削減を目指し、また世界全体での削減にも貢献していくための解を与えるものだと確信しています。

第17章

デジタルグリッドの提言

デジタルグリッドの本質

デジタルグリッドの本質は、「基幹系統の信頼性に関する負担を大幅に軽減し、自立可能なセルグリッドとの共存により信頼性を大幅に高め、多様な参入者により劇的なコスト削減を実現し、化石燃料依存から再エネ依存に転換することにある」と言えます。

それを実現するために、下位系統の自立性を高めることが必要です。その結果として、従来系統に頼っていた信頼性の確保を大幅に軽減し、両者の協調により総合的な信頼性を確保する方向に転換するのです。

そうすることによって、下位系統では再エネをふんだんに取り込むことが可能となり、その変動は下位系統の中で電気的に分離抑制するということになります。

再エネを100パーセント近く導入した自立可能なセルを様々な電圧階級において実現し、一方で基幹系統の信頼性については、大幅に負担を減らしてベストエフォートで十分とし、総合的なシステムとして信頼性を向上させる、という方向を目指すべきでしょう。

このインターネットのような新たな電力系統は、基幹系統とセルを非同期に連結し、さらに必要に応じてセル同士を自営線でも連結した、ハイブリッドな構造となります。セルはセル内の需要を超えた過剰な発電は自動で再エネの出力を抑制し、不足分については系統や自分の持つ安定電源から供給します。

セル内は再エネを主たる電源とするインバーター中心の電源構成となり、ＧＰＳなどの正確な時刻信号による時刻同期電力系統となります。

ＤＧＲを活用することにより非同期連系を行いながら、電力の識別を可能とし、電力パケットの送受を行って、無数の取引をブロックチェーンのような金融技術で実現します。この過程で、すべての取引を記録し、地方自治体や社会的な意義を感じるプロシューマーたちに自由な取引ができるようなプラットフォームを与えます。

温室効果ガスの80パーセント排出削減

世界は深刻な地球温暖化の状況を明確に認識しパリ協定を締結しました。日本政府も温室効果ガス80パーセントの排出削減を２０５０年までに達成するという長期目標を閣議決定しました。

しかし、これまで見てきたように、従来の同期発電機による同期系統では再エネが導入できる規模は出力ベースで30パーセント程度が限界でしょう。これを風力発電で供給したとすれば、設備利用率25パーセントとしても電力量では7・5％にしかなりません。その他に省エネ技術や運輸技術や建物の技術、様々な排出削減案が提案されていますが、削減量の絶対値で言えば、電力供給の再エネ化が、圧倒的なボリュームとして期待されているのです。

ボリュームとして80パーセント削減を目指そうというのに、7・5パーセントという数値ではあまりにもギャップがありすぎます。

これを実現するには100パーセント再エネという中小規模の電力系統、すなわちセルを無数に作り、従来系統との間で非同期連系するという方法が最も現実性があると思います。しかし、これを補助金など助成だけで実現するのは巨額の資金が必要になりますので不可能です。

多数の事業参入者によるビジネスベースの解決を目指さなければ達成は困難でしょう。そのためには前項で述べた送配電網の真の自由化、多重受電の認可、自家発・自営線の共有事業の奨励などが必要になってきます。

実証試験のスタート

私たちのチームでは小規模ではありますが、DGR第一号機であるマークⅠを2011年に開発し、マークⅡは米国の電力研究所（EPRI）のノックスビル研究所で2013年1月に試験を行い、優良な結果を得ました。マークⅢにおいては鹿児島県の薩摩川内市の協力により、2015年度に同市のスマートハウスで実証試験を行うことができました。

２０１６年現在、石川県の和倉温泉では、太陽光や温泉バイナリー発電、蓄電池などを組み合わせた電力融通試験を13キロワットの接続端子２つと太陽光用端子と蓄電池用端子等を複数持つＤＧＲ３台で実証準備中です。

さらに福島県いわき市サンフレックス永谷園で、39キロワットの接続端子と太陽光や蓄電池用端子等を複数持つＤＧＲを３台設置し、合計で２８０キロワット２台の発電機や１２０キロワットの太陽光発電、45キロワットのリユース蓄電池などを組み合わせて、工場内の複数の建屋間で電力融通する実証試験を福島県の補助事業として受託しました。

時刻同期電力系統やプロトン開発などについては現在実証試験計画中です。さらに、本格的な80パーセント再エネセルグリッドを日本のどこかの島で実証したいと考えています。

日本でこれらが実証されれば、まず世界のウィークグリッド地域で導入が始まることでしょう。化石燃料で天下を実現しようとしていた国や電力会社、あるいは電気事業者も、限界費用ゼロの太陽光、風力、そして重要な電源のバイオマスなどから構成されるセルグリッドの構築を行うようになっていくでしょう。

その結果、温室効果ガスの大いなる排出削減がなされて地球温暖化に歯止めがかかることを強く期待します。

巨大化するマーケット

送配電コストがデジタルグリッドによって劇的に下がり、料金徴収にかかわるコストがブロックチェーンによって劇的に下がり、電気エネルギーそのものが再エネによって劇的に下がると、従来の資本主義的な企業形態では収益を上げることが難しくなってきます。サービス型など新しい形に転換せざるを得ません。

しかし再エネ2・0のようなビジネスの時代の最中にいるときは、このことに皆気付かずに価格競争を続けてしまうものです。それによって電気の価格は劇的に下がって行き、あらゆる産業が恩恵を受けるようになります。

そして、今までなかったような製品やサービスも生まれだします。

エネルギーの使用形態で最も大きいのは燃料です。産業界や輸送業界で、ガスやガソリン、軽油あるいはジェット燃料のような形でエネルギーを使います。電気自動車が普及したとしても、このようなガス及び液体燃料を使う輸送機関はなかなか減らないでしょう。

電力価格が大幅に低下していくことによって、燃料が安価に合成されるようになれば、電力使用量は大きく増加することでしょう。すでにエタノールやジメチルエーテルで走る自動車は実用化されています。

燃料合成プロセスは様々なものが提案されています。植物を利用するもの、藻類を利用するもの、化石燃料を利用するもの、さらには空気中の二酸化炭素を分離してメタノールやエタノールに転換する技術[68]も存在しています。

人類が放出した二酸化炭素を合成燃料の形で固定化することができれば、地球温暖化問題も緩和される方向に向かうでしょう。これらは大量の熱やエネルギーを使用する化学プロセスなので電気エネルギーが極めて安価になれば採算が合うようになります。

また、様々な産業の製造プロセスには電気が使われています。電気の価格が安価になれば、今まで採算に乗らなかったような製品が作れるようになるでしょう。

限界費用ゼロの電気エネルギーは、変換損失をあまり気にする必要はありません。もともと太陽の恵みですから、必要なだけ使わせていただいて使いきれない分は捨てても良いのです。

さらに、消費者サイドとしては快適な生活を追求することが許されるようになります。

世界中で電線を使わずに電気を送る無線給電技術が研究されています。もともとはニコラ・テスラが提唱し、最近マサチューセッツ工科大学（ＭＩＴ）が、数メートルの距離で電力伝送を行って有名になりましたが、実は世界中でしのぎを削って研究されています。

無線給電はあらゆる所に使われるようになるでしょう。電気自動車の充電などだけではなく、家の中や事務所の中には、電気のコードが見当たらなくなり、すっきりした空間が生まれます。情報通信は無線ＷｉＦｉで、電力は無線給電でというように、全くワイヤレスな生活が普通になることでしょう。

このように、ふんだんにエネルギーが使える世界が目の前に迫っています。

実に様々な技術革新が起こることでしょう。

エネルギー問題の制約がなくなると人類は新しい時代に突入すると思われます。紛争の火種も大きく減少し、貧困問題も著しい改善が見られるでしょう。

農業も漁業も畜産業も高度化し、生産が安定するようになるでしょう。

情報通信のインターネットが人類のコミュニケーションのプラットフォームとなり、世界中がほとんどコストゼロの感覚で、リアルタイムで顔を見ながら会話ができるようになったのは、ここ5、6年のことです。

デジタルグリッドがエネルギーのインターネットとして再エネを中心とした電力のプラットフォームとなり、ほとんどコストゼロの電力を供給し、人類のエネルギー制約を解消する新しい時代が近づいているのです。

桁違いに増えていく電力需要

電力会社がサービス業に特化し、手数料しか取らないのであれば、収益が上がらず倒産してしまう、と思われるかもしれません。しかし、徐々にアセットを手放して他の人々に運営してもらうようになれば、内部コストが激減します。ましてやサービス業はインターネットの普及により、限界費用はほとんどゼロに近づきます。しかも、送電線や配電線のアセットはすでに十分設置されているわけですから、サービス業は非常に利益率の高いものとなります。

電力システムの信頼性は一体どうなるのだという意見もあるでしょうが、それは技術の問題です。技術の問題はすでに見てきたように、かなり解決可能なのです。

デジタルグリッドでは、基幹系統と分散型のセルグリッドが周波数や位相の制約なく接続できますので、電力システムとして極めて安定性が高いのです。

セル内ではさまざまな分散電源が見本市のようにその技術とコストを競い合い、地元のエネルギー源を活用する方法を競い合います。

限界費用ゼロに近いエネルギーが大量に産出されると、それを使った製品や二次エネルギー製品が競争力のあるレベルで生まれてきます。電気代が安くなることによって生産性が上がる製品というのは、必ずしも電気を大量に使うものだけとは限りません。電気代が安くなることによって、複雑なシステムを使って熱利用やガス利用をしていた仕組みが単純化されてコスト低減が図れるというようなケースも多いでしょう。

再エネでは飛行機を飛ばせない、と言う人もいますが、人工的に合成された液体燃料には様々な種類のものがあります。

今まではエネルギーコストが高すぎて採算が合わなかっただけですので、電気代が安価になればこのような液体燃料を使って飛行機を飛ばすこともできるようになるでしょう。

電力需要が増えれば、送電線の増強が必要であるという意見も根強いものがありますが、分散型のセルグリッドでは必ずしもそうなりません。そもそも分散型電源はセル内にたくさん作られ、それが直接セル内の需要を満たしますので、基幹系統から受け取る電力は今までより少なくなるか、あるいはほとんど同程度で済みます。またセルで過剰生産されたものが、基幹系統に送られるときには逆潮流になり、受け取っている電力の潮流をキャンセルするので送電線は増強する必要はありません。

このようにして、現在の系統をそれほど大きく増強せず、配電系統を徐々にセル化していくことによって、分散電源がセル内で大量に作られるようになるでしょう。

そして、それを使う製品が爆発的に増えていくことによって、電力需要は桁違いに増えていくことになるのです。

政策立案者への提言

このようなイノベーティブな提案は当然既得権益を侵害し、大きな軋轢を生み出すことでしょう。しかし、すでに述べてきたように、真の意味での電力自由化は巨大なマーケットを生み出すことが明らかです。

今まで行ってきた電力自由化は、送配電網の開放でしかありません。自由に使わせるといっても市場支配者が競争相手でもあるという状況下で、市場支配者のネットワークに依存した事業構造となっています。

これから20年かけて徐々に開放から自由化に向かっていくのも選択肢の1つかもしれませんが、もう一方で我々には地球温暖化に対する待ったなしの責務が発生しています。

再エネを大量に導入し、新しい技術を促進させ、価格を大いに軽減させる、それでいて電力系統の信頼性を向上させるという難問は、実は政策担当者が腹をくくるかどうか次第なのです。ではどうすればいいのかというと、実は簡単です。

答えは、**送配電網の真の自由化**です。

あらゆる需要家に多重受電を認めることです。

自家発の共有や自営線の共有を認めることです。

現状の法規制は電気事業法と電力会社の供給約款との組み合わせで、実質は多重受電ができない仕組みとなっています。自家発の共有とか自営線を共有するとかによって経済性のある多重受電が可能になり、災害時の信頼性も大幅に向上するにもかかわらず、配電網の自由化は封印されたままです。

多重受電はコストが増大するという人もいるでしょう。しかし、これはマーケットが拡大するということです。

情報通信の世界でWiFiやBlue toothや光ケーブルやCATVやADSLがあるのはコスト増大を招くから、電話線だけでいいのだという人は今はもういないでしょう。

多重受電が実現すると、従来の送配電網の託送料金収入が激減し、送配電網の維持が不可能になる、というのが封印の大きな理由でしょう。しかし、実際にはそのようなことはないのです。情報通信の真の自由化の例を見ても、マーケットは数十倍に膨れ上がりました。国鉄の自由化、航空産業の自由化、いずれをとっても適切な競争環境を作ることは、消費者へのサービスを拡大し、経済を活性化します。

さらにインターネットがここまで拡大した現代においては、需要家が生産者として参入する機会が格段に増えましたので、そのための流通経路、すなわち送配電網をフリーアクセスにするということが活性化の第一歩です。手数料収入は莫大になるはずです。

自己抑制を伴った再エネの急速な拡大がなされれば、日本は地球温暖化対策において世界をリードする技術とビジネスモデルを提供することができます。

従来型の補助金政策を強化すべき技術もまだまだありますが、太陽光や大型風力においては、政策や規制緩和、自治体の条例、広報活動などにより再エネを導入する方が有利になる仕組みを作るべきです。

すでに述べてきたように、託送料金を嫌って自家発にシフトしている動きはもう止めようがありません。データがそれを物語っています。それを止めることに全力を尽くして再エネ導入も実現しない、国際的な約束も果たせない、ということになっては、次世代に対する責任が果たせません。

日本の技術力の素晴らしさを信じて、新しい時代に一歩、足を踏み出す時期が来ていると言えるでしょう。

日本の果たすべき役割

日本が世界に対して果たすべき重要な役割は、電力およびエネルギー問題に関する極めて大きなパラダイムシフトを生み出すことです。

地球規模の気候変動問題を考えると、世界が化石燃料時代を終わらせなければいけないことは明白でしょう。しかし、人口増加は衰える気配がないため、今世紀末に向かって約20億人の追加人口が見込まれ、このままであれば、化石燃料の使用はさらなる増大が想定されます。化石燃料は、電力のみならず、さまざまな産業の原材料や熱源として、あるいは輸送機関におけるエネルギー源として、欠くことのできないものなのです。

しかし、その存在は世界の特定の地域に集中し、経済的に採掘が可能な量は徐々に減少しつつあります。化石燃料の奪い合いが過去の大戦を生み出し、現在でも国家間の対立や、紛争による難民の発生等を生み出しています。人口の増加は、この争いを終わらせるどころか、ますます激しいものにしていこうとしています。

世界の様相を見ると、これに対し覇権国家を構築して対処しようという動きすら見えてきます。しかし、従来型の化石燃料確保に固執していては、人類の未来は切り開くことができません。化石燃料はいずれ枯渇していきますし、その前に地球環境問題が取り返しのつかない状態になってしまいます。

日本は世界の国別電力使用量ランキングで第三位です。世界の陸地面積の0・25パーセントしかない日本が、これだけのエネルギーを使っているのです。しかも、そのほとんどが輸入に頼っています。純国産エネルギーといって加速しようとしていた原子力発電も、すでに震災以降5年間、商用原子炉48ユニット4400万キロワットのほとんどが停止しています。一方で、2013年の固定価格買い取り制度導入から1年半で、8000万キロワット強の太陽光発電設備が認定されました。しかし、島国日本の電力系統では使いこなすことができません。

このような状況にある日本こそが、得意の技術革新によって、新しい電力の使い方を工夫し、実用化し、ビジネスモデルを構築して、人類のエネルギー問題を解決しなければ、他に誰ができるというのでしょう。

日本は今までも世界に冠たる技術と文化を発信してきました。

太陽光発電についても、日本は世界のトップランナーでいた時代もありました。電力系統においても、直流送電技術や周波数変換技術などトップクラスの実力を持っていました。電力変換素子の開発においても、日本は世界をリードした時期があります。にもかかわらず、現在、いずれの技術も世界から取り残され、産業界にも停滞ムードが漂っています。

日本は産業界・官公庁・学術機関、いわゆる産官学が共通の目標を持った時に素晴らしい力を発揮します。今こそエネルギーにおけるパラダイムシフトを産官学の共通の目標とし、実現を図るべきです。

まず、学術機関が到達可能な目標とそれを実現する技術を提供し、かつそれを教育するプラットフォームを用意します。官公庁はそれを実現するためのあらゆる手段を検討し、規制を緩和し、必要な補助を準備します。補助の形態は従来型の箱物補助ではなく、人材を育成するための補助とすべきです。箱物補助は一過性ですが、人材補助は長期にわたって効果を指数関数的に拡大します。規制緩和のあり方は、新たな法律を作るのではなく解釈を緩める形にするべきです。この形は日本の法律の特徴でもあり、柔軟なところですので大いに活用すべきです。

別な言い方をすれば、さまざまな活動がしやすくなるように、通達のような形で法律の解釈を緩めるという方式です。それでいて、自治体や事業者に再エネ増大目標や、地球温暖化ガスの抑制目標を義務付けるのです。

産業界はコアになる革新的技術があり、かつビジネスを拡大できるプラットフォームさえあれば、大いに競争を始めます。

デジタルグリッドはそのコア技術の一つを提供します。

「従来の電力系統に加え、自営線による多重受電網をもつセルグリッドを無数に構築する。セルの中では多種多様な再エネ技術が開発され、太陽由来のエネルギーをふんだんに取り込み、さまざまな電力パケットとその派生物が取引される。既存の電力系統は、自立するセルと協調して、ベストエフォートなシステムとなり、総合的には高い信頼性をもたらす。メッシュ構造の電力ネットワークで膨大な電力取引を実現しつつ、最終的には日本の電力系統の再エネ比率を80パーセントまで高めることを実現する。」

数十年先には、このような夢が実現しつつあることを願って筆を置くこととします。

[62] http://data.worldbank.org/indicator/IC.ELC.OUTG
[63] http://www.indexmundi.com/facts/indicators/IC.ELC.OUTG/rankings
[64] http://data.worldbank.org/indicator/IC.FRM.OUTG.ZS
[65] http://www.indexmundi.com/facts/indicators/EG.ELC.LOSS.ZS/rankings
[66] http://www.worldenergyoutlook.org/resources/energydevelopment/energyaccessdatabase/
[67] https://data.oecd.org/pop/population.htm
[68] G. A. オラー他、「メタノールエコノミー」、化学同人

おわりに

この本のアイデアは8年ほど前、大学に勤務しはじめて半年ほどたった、秋も深まり始めたある日、同僚に見せられた1枚の図がきっかけです。同僚は私にこんなことが可能なのでしょうか？と尋ねてきました。

その図は、電力系統にかかわるものでした。

私は学生時代に電子工学を学び、その後電力会社に入って長年、火力発電所の建設や運転保守、海外電力会社の発電所設計、米国電力研究所、電力変換技術や、蓄電池の開発などに携わってきていましたので、その図の意味するところはすぐに分かりました。

私は同僚に「これに近いことは現在の電力系統でも行われていますよ、しかしこのようなことを複数の系統間で同時に行おうと思うと、電気的な制約がいろいろあって難しいですね」と答えました。

その瞬間、私の頭の中にこの本で書いているデジタルグリットのイメージが突然生まれたのです。そうだ、電気的な制約を解消するのに、電力変換技術が使える、変換器を複数つなげれば自由度が飛躍的に高まる、変換器にアドレスをつければ、発電源が特定できる、アドレスはＩＰアドレスを使えば良い、既存の送配電網はそのまま使える、電力の大きさと時間を指定して電力パケットが作れる、電力パケット同士はスワップできる、CO_2価値も分離してスワップできる、自営線を使えば、ひとつの系統で二重受電、三重受電することもできる、連鎖停電をストップできる、などなど、次から次へと頭の中に映像が浮かんできました。デジタルグリットの原型は、ほとんどこの時に完成しました。

同僚に言わせると、私は2時間ぐらいウンウンうなりながら様々な図を書いていたようです。

その後、3端子ルーターのシミュレーションしてみるとうまくいきません。何カ月かかけて奮闘しているうちに、基本回路にミスがあることに思い至りました。それを修正すると、ちゃんと動きます。とても面白い電力ルーターが出来上がりました。

当時、大学では社会戦略投資学という、ビジネスに関わる研究が私の担当分野でした。大学ではよいアイデアが生まれたら、まず特許を書きなさい、ビジネスになりそうなら、商標を登録しなさい、その後で論文を書きなさい、というような指導をしていましたので、私も自分自身でそれを実践することにしました。特許は、はじめは大学では承継されず、あきらめかけましたが、特許に詳しい知人から、個人で書いて個人で出願すればよい、とのアドバイスを受けました。このアドバイスがとても大きかったと思います。弁理士の力を借りずに3カ月ほどかけて特許を書く過程で、1つの学問体系の基礎が作れたと思います。論文も日本では結局受理されず、米国電気学会（IEEE）で受理されました。

このアイデアを何カ所かで話してみましたが、専門家でない人には大変興味深く受け止められるのですが、専門家に近い人になればなるほど、相手にされません。当時は電力系統に手を加えるなどということは想像もできず、スマートグリッドという言葉すらまだありませんでしたし、電力完全自由化など夢のまた夢という状況でした。

米国の電力研究所の電力系統担当の副社長と話した時も、「You are Dreamer」と言われる状態でした（今では、「I'm a Believer」と言ってくれるようになりましたが）。

そのままであれば、このアイデアは日の目を見ずに終わってしまったかもしれません。

変化のきっかけは東日本大震災でした。

まず私自身が変わりました。デジタルグリッットは、再生可能エネルギーを大量に使いこなす電力系統として最適なものです。時代はその方向に向かって大きく変わるだろう、と確信しました。

しかし、動かなければ単なる傍観者、批評家です。

２０１１年９月に非営利社団法人「デジタルグリッドコンソーシアム」を設立しました。ここにＮＥＣ、日立製作所横浜研究所、オリックス、積水化学、兼松エレクトロニクス、日本ナショナルインスツルメンツ、ＴＵＶラインランド（順不同）といった７社に参画していただき、２期にわたってデジタルグリッドルーターの原型とデジタルグリッドのビジネスモデルを作ったのです。これらの会社と関係者の方々には感謝してもし尽くせません。

２０１２年には日本電気株式会社の寄付で、東大総長室総括プロジェクト機構に「電力ネットワークイノベーション（デジタルグリッド）」総括寄付講座が設立されました。現在、ここを基軸に本文中にも書きました様々な実証事業を開始しています。またプロトンの開発、GPS時刻同期セルの開発、ブロックチェーンの実装なども研究を進めています。現在の形があるのは、この寄付講座のおかげです。関係者の皆様に深い感謝の意を表したいと思います。

2013年には東大発のベンチャー企業「㈱デジタルグリッド」を設立しました。ここでは㈱東京大学エッジキャピタル（UTEC）、㈱日本政策投資銀行（DBJ）、イノベーティブベンチャー投資事業有限責任組合、電源開発株式会社、日本電気株式会社、株式会社新生銀行の7社（順不同）が出資してくれました。

この会社は、若い社長とその仲間達の情熱で、現在アフリカの無電化村で電気の小分け売り事業を行っており、急成長を遂げています。当初はオングリッド向けの事業を模索しましたが、まだ技術的成熟度が高くなく、中断し、オフグリッド事業に専念することとなりました。その過程で、オングリッド事業を目指して集まってくれた素晴らしい仲間達と、いったん分かれざるを得なくなりました。申し訳ないことをしたと思っています。もっとも、私は大学の立場があるので直接会社の経営に携わることはできません。特許はすべて大学の特許管理機構（TLO）に譲渡しました。商標も会社に供与しました。大学では、産学連携を模索し、大学発のベンチャーを奨励していますが、実際にやってみると利益相反問題など整理すべき難問がたくさんあります。このような視点で経験を積めることは大変な貴重な財産です。

現代は、技術革新も社会構造も大変なスピードで変化しつつあります。企業が単独でこれらをキャッチアップするのは、とても困難になってきました。企業に入社する技術者は従来のように大学で基礎知識を学んで、企業で実践的な専門知識を学ぶという順番では現実にそぐわなくなってきたのです。大学で学んだことの本当の基礎部分は大切ですが、新しい分野については10年もたつと陳腐化してしまいます。新しい世界を企業内で教育するのではなく、むしろ、大学に、新技術や知識を学ぶ企業人向けセンターのような受け皿をつくり、人工知能（ＡＩ）や機械学習、金融革命（Fintech）、Ｗｅｂデザインや、私の専門で言えば電力変換技術など、の最先端の分野を再教育する仕組みが必要になってきていると思います。私が所属する東京大学大学院工学系研究科技術経営戦略学専攻は、そのような機能を持つ新しい学問領域です。

デジタルグリッドは、真の意味での電力およびエネルギーのインターネットになるまで、まだまだ時間がかかるかもしれません。しかし大学の新しい機能や役割を十分に活用して、デジタルグリッドを世界に発信していきたいと思っています。

２０１６年9月
阿部力也

阿部力也　あべ・りきや

デジタルグリッド株式会社代表取締役会長兼東京大学共同研究員。2008年東京大学大学院技術経営戦略学専攻特任教授。1953年福島県生まれ。東京大学工学部電子工学科卒、電源開発㈱入社。九州大学博士（工学）、米国電力研究所派遣研究員、JPOWER上席研究員、2018年より現職

デジタルグリッド

平成28年11月 1 日　初版第1刷発行
平成30年11月27日　　第2刷

著者　阿部力也

発行者　志賀正利

発行所　株式会社エネルギーフォーラム
〒104-0061　東京都中央区銀座5-13-3

印刷　錦明印刷株式会社

製本　大口製本印刷株式会社

装幀　エネルギーフォーラムデザイン室

乱丁・落丁の場合はお取り換えいたします。
　ISBN978-4-88555-472-8